RECHERCHES GÉNÉRALES

SUR

LES SURFACES COURBES,

PAR M. GAUSS.

TRADUIT DU LATIN PAR M. A.,
Ancien élève de l'École Polytechnique.

PARIS,
BACHELIER, IMPRIMEUR-LIBRAIRE
DU BUREAU DES LONGITUDES, DE L'ÉCOLE POLYTECHNIQUE, ETC.,
Quai des Augustins, n° 55.

1852.

V

RECHERCHES GÉNÉRALES

SUR

LES SURFACES COURBES,

PAR M. GAUSS.

TRADUIT DU LATIN PAR M. A.,
Ancien élève de l'École Polytechnique.

PARIS,
BACHELIER, IMPRIMEUR-LIBRAIRE
DU BUREAU DES LONGITUDES, DE L'ÉCOLE POLYTECHNIQUE, ETC.,
Quai des Augustins, n° 55.

1852.

RECHERCHES GÉNÉRALES

SUR

LES SURFACES COURBES,

PAR M. GAUSS.

TRADUIT DU LATIN PAR M. A.,
Ancien élève de l'École Polytechnique.

(Extrait des *Nouvelles Annales de Mathématiques*, tome XI.)

I.

Les recherches dans lesquelles on s'occupe des directions de diverses droites dans l'espace sont, la plupart du temps, portées à leur plus haut point d'évidence et de simplicité, si l'on se sert, comme auxiliaire, d'une surface sphérique d'un rayon égal à 1, décrite autour d'un centre arbitraire, et dont les différents points seront censés représenter les directions des droites parallèles aux rayons terminés à cette surface. La situation de tous les points dans l'espace étant déterminée par trois coordonnées, savoir, par les distances à trois plans fixes normaux entre eux, il faut, avant tout, considérer les directions des axes normaux à ces plans : nous désignerons par (1), (2), (3) les points de la surface de la sphère qui représentent ces directions; leur distance mutuelle sera donc un quadrant. Du reste, nous supposerons les directions des axes allant vers les régions pour lesquelles les coordonnées correspondantes reçoivent un accroissement.

II.

Il ne sera pas inutile de mettre ici sous les yeux quelques propositions qui sont d'un usage fréquent dans les questions de ce genre.

1. L'angle de deux droites qui se coupent a pour mesure l'angle compris entre les points qui, sur la surface de la sphère, répondent à leurs directions.

2. La situation d'un plan quelconque peut être représentée par le grand cercle de la sphère, dont le plan lui est parallèle.

3. L'angle entre deux plans est égal à l'angle sphérique compris entre les deux grands cercles qui les représentent, et, par conséquent, a pour mesure l'arc intercepté entre les pôles de ces grands cercles. Par suite, l'inclinaison d'une droite sur un plan a pour mesure l'arc mené normalement du point qui répond à la direction de la droite, au grand cercle qui représente la situation du plan.

4. Désignant par x, y, z, x', y', z' les coordonnées de deux points, par r la distance entre ces points, et par L le point qui, sur la surface de la sphère, représente la direction de la droite menée du premier point au second, on aura

$$x' = x + r\cos(1)\mathrm{L},$$
$$y' = y + r\cos(2)\mathrm{L},$$
$$z' = z + r\cos(3)\mathrm{L}.$$

5. De là on déduit facilement qu'on a, en général,

$$\cos^2(1)L + \cos^2(2)L + \cos^2(3)L = 1,$$

et, en désignant par L' un autre point quelconque de la surface de la sphère,

$$\cos(1)L.\cos(1)L' + \cos(2)L.\cos(2)L' + \cos(3)L.\cos(3)L' = \cos LL'.$$

6. Théorème. *En désignant par* L, L', L'', L''' *quatre points sur la surface de la sphère, et par* A *l'angle que les arcs* LL', L''L''' *forment à leur point de concours, on aura*

$$\cos LL''.\cos L'L''' - \cos LL'''.\cos L'L'' = \sin LL'.\sin L''L'''.\cos A.$$

Démonstration. Dénotons de plus, par la lettre A, le point même de concours, et posons

$$AL = t,\quad AL' = t',\quad AL'' = t'',\quad AL''' = t''';$$

nous avons ainsi :

$$\begin{aligned}
\cos LL'' &= \cos t.\cos t'' + \sin t.\sin t''\cos A,\\
\cos L'L''' &= \cos t'\cos t''' + \sin t'\sin t'''\cos A,\\
\cos LL''' &= \cos t\ \cos t''' + \sin t\ \sin t'''\cos A,\\
\cos L'L'' &= \cos t'\cos t'' + \sin t'\sin t''\cos A;
\end{aligned}$$

et, par conséquent,

$$\begin{aligned}
&\cos LL''.\cos L'L''' - \cos LL'''.\cos L'L''\\
&= \cos A\left(\begin{array}{l}\cos t\cos t''\ \sin t'\ \sin t'''\\ +\cos t'\cos t'''\sin t\sin t'' - \cos t\cos t'''\sin t'\sin t''\\ -\cos t'\cos t''\sin t\sin t'''\end{array}\right)\\
&= \cos A\,(\cos t\sin t' - \sin t\cos t')(\cos t''\sin t''' - \sin t''\cos t''')\\
&= \cos A.\sin(t'-t).\sin(t'''-t'')\\
&= \cos A.\sin LL'.\sin L''L'''.
\end{aligned}$$

D'ailleurs, comme il part du point A deux branches de chaque grand cercle, il se forme en ce point deux angles, dont l'un est le complément de l'autre à 180 degrés : mais notre analyse montre qu'on doit prendre les branches dont les directions concordent avec le sens de la marche du point L vers L′, et du point L″ vers L‴ : ceci compris, on voit en même temps que, les grands cercles concourant en deux points, on peut prendre arbitrairement celui des deux qu'on voudra. Au lieu de l'angle A, on peut aussi prendre l'arc compris entre les pôles des grands cercles dont font partie les arcs LL′, L″L‴; mais il est évident qu'on doit prendre les pôles qui sont situés semblablement par rapport à ces arcs, c'est-à-dire que les deux pôles soient situés à droite, quand on marche de L vers L′, et de L″ vers L‴, ou bien tous les deux à gauche.

7. Soient L, L′, L″ trois points sur la surface de la sphère, et posons, pour abréger,

$$\cos(1)L = x, \quad \cos(2)L = y, \quad \cos(3)L = z,$$
$$\cos(1)L' = x', \quad \cos(2)L' = y', \quad \cos(3)L' = z',$$
$$\cos(1)L'' = x'', \quad \cos(2)L'' = y'', \quad \cos(3)L'' = z'',$$

et

$$xy'z'' + x'y''z + x''yz' - xy''z' - x'yz'' - x''y'z = \Delta.$$

Que λ désigne celui des pôles du grand cercle, dont l'arc LL′ fait partie, qui est placé par rapport à cet arc de la même manière que le point (1) est placé par rapport à l'arc (2), (3). Alors on aura, d'après le théorème précédent,

$$yz' - y'z = \cos(1)\lambda . \sin(2)(3) . \sin LL',$$

ou, à cause de (2)(3) = 90 degrés,

$$yz' - y'z = \cos(1)\lambda . \sin LL',$$

et, de la même manière,

$$zx' - z'x = \cos(2)\lambda . \sin LL',$$
$$xy' - x'y = \cos(3)\lambda . \sin LL'.$$

Multipliant ces équations respectivement par x'', y'', z'', et ajoutant, nous obtiendrons, au moyen du second théorème rapporté au n° 5,

$$\Delta = \cos \lambda L'' . \sin LL'.$$

Il faut maintenant distinguer trois cas. *Premièrement,* chaque fois que L'' est situé sur le grand cercle dont fait partie l'arc LL', on aura $\lambda L'' = 90$ degrés, et par suite, $\Delta = 0$. Mais quand L'' est situé hors de ce grand cercle, on aura le *deuxième* cas, s'il est dans le même hémisphère que λ; le *troisième,* s'il est dans l'hémisphère opposé : dans ces derniers cas, les points L, L', L'' formeront un triangle sphérique, et seront placés, dans le deuxième cas, dans le même ordre que les points (1), (2), (3), et, dans le troisième cas, dans l'ordre opposé. En désignant simplement par L, L', L'' les angles de ce triangle et par p la perpendiculaire menée, sur la surface de la sphère, du point L'' au côté LL', on aura

$$\sin p = \sin L . \sin LL'' = \sin L' . \sin L'L'', \quad \text{et} \quad \lambda L'' = 90^\circ \mp p,$$

le signe supérieur devant être pris dans le deuxième cas, et le signe supérieur dans le troisième. De là aussi nous tirons

$$\begin{aligned} \pm \Delta = \sin L . \sin LL' . \sin LL'' &= \sin L' . \sin LL' . \sin L'L'' \\ &= \sin L'' . \sin LL'' . \sin L'L'' . \end{aligned}$$

Il est d'ailleurs évident que le premier cas peut être censé compris dans le deuxième ou le troisième, et l'on voit sans embarras que $\pm \Delta$ est égal à six fois le volume de la pyramide formée entre les points L, L', L'' et le centre de la sphère. Enfin, on tire de là avec la plus grande facilité, que la même expression $\pm \frac{1}{6} \Delta$ exprime généralement le volume d'une pyramide quelconque comprise entre l'origine des coordonnées et les points dont x, y, z ; x', y', z' ; x'', y'', z'' sont les coordonnées.

III.

Une surface courbe est dite avoir une courbure *continue* en un point A situé sur elle, si les directions de toutes les droites menées du point A à tous les points de la surface infiniment peu distants de A, ne s'écartent qu'infiniment peu d'un seul et même plan passant par A : ce plan est dit *tangent* à la surface au point A. Si l'on ne peut satisfaire à cette condition en quelque point, la continuité de la courbure est interrompue en cet endroit, comme il arrive, par exemple, au sommet du cône. Les recherches présentes seront restreintes aux surfaces courbes, ou aux portions de surface, pour lesquelles la continuité de courbure n'est nulle part interrompue. Nous observons seulement ici, que les méthodes qui servent à déterminer la position du plan tangent perdent leur valeur pour les points singuliers dans lesquels la continuité de courbure est interrompue, et doivent conduire à des indéterminations.

IV.

La situation d'un plan tangent est connue commodément par la position de la droite qui lui est normale au point A; cette droite est dite aussi, normale à cette surface courbe. Nous représenterons la direction de cette normale par le point L sur la surface de la sphère auxiliaire, et nous poserons

$$\cos(1)L = X, \quad \cos(2)L = Y, \quad \cos(3)L = Z;$$

nous désignons par x, y, z les coordonnées du point A. Soient, de plus, $x + dx$, $y + dy$, $z + dz$ les coordonnées d'un autre point A′ pris sur la surface courbe; ds sa distance infiniment petite au point A; enfin λ le point de la surface sphérique représentant la direction de l'élément AA′. On aura aussi

$$dx = ds.\cos(1)\lambda, \quad dy = ds.\cos(2)\lambda, \quad dz = ds.\cos(3)\lambda,$$

et, puisque l'on doit avoir $\lambda L = 90$ degrés,

$$X\cos(1)\lambda + Y\cos(2)\lambda + Z\cos(3)\lambda = 0.$$

De la combinaison de ces équations dérive

$$X\,dx + Y\,dy + Z\,dz = 0.$$

On a deux méthodes générales pour montrer le caractère d'une surface courbe. La *première* méthode se sert de l'équation entre les coordonnées x, y, z, que nous supposerons réduite à la forme $W = 0$, où W sera fonction des indéterminées x, y, z. Soit la différentielle complète de la fonction W,

$$dW = P\,dx + Q\,dy + R\,dz;$$

on aura, pour la surface courbe,

$$P\,dx + Q\,dy + R\,dz = 0,$$

et, par suite,

$$P.\cos(1)\lambda + Q.\cos(2)\lambda + R.\cos(3)\lambda = 0.$$

Comme cette équation, de même que celle que nous avons établie plus haut, doit avoir lieu pour les directions de tous les éléments ds sur la surface courbe, on verra facilement que X, Y, Z doivent être proportionnels à P, Q, R, et, par suite, comme $X^2 + Y^2 + Z^2 = 1$, on aura, ou

$$X = \frac{P}{\sqrt{P^2+Q^2+R^2}}, \quad Y = \frac{Q}{\sqrt{P^2+Q^2+R^2}}, \quad Z = \frac{R}{\sqrt{P^2+Q^2+R^2}},$$

ou

$$X = \frac{-P}{\sqrt{P^2+Q^2+R^2}}, \quad Y = \frac{-Q}{\sqrt{P^2+Q^2+R^2}}, \quad Z = \frac{-R}{\sqrt{P^2+Q^2+R^2}}.$$

La *seconde* méthode exprime les coordonnées sous forme de fonctions de deux variables p et q. Supposons que, par la différentiation de ces fonctions, il vienne

$$dx = a\,dp + a'\,dq,$$
$$dy = b\,dp + b'\,dq,$$
$$dz = c\,dp + c'\,dq.$$

Par la substitution de ces valeurs dans la formule donnée

plus haut, on obtient

$$(aX + bY + cZ)dp + (a'X + b'Y + c'Z)dq = 0.$$

Comme cette équation doit avoir lieu indépendamment des valeurs des différentielles dp, dq, on devra avoir, évidemment,

$$aX + bY + cZ = 0, \quad a'X + b'Y + c'Z = 0;$$

d'où nous voyons que X, Y, Z doivent être proportionnels aux quantités

$$bc' - cb', \quad ca' - ac', \quad ab' - ba'.$$

Ainsi, en posant, pour abréger,

$$\sqrt{(bc' - cb')^2 + (ca' - ac')^2 + (ab' - ba')^2} = \Delta,$$

on aura, ou

$$X = \frac{bc' - cb'}{\Delta}, \quad Y = \frac{ca' - ac'}{\Delta}, \quad Z = \frac{ab' - ba'}{\Delta},$$

ou

$$X = \frac{cb' - bc'}{\Delta}, \quad Y = \frac{ac' - ca'}{\Delta}, \quad Z = \frac{ba' - ab'}{\Delta}.$$

A ces deux méthodes générales, vient s'ajouter une *troisième*, dans laquelle une des coordonnées, z par exemple, se présente sous forme de fonction des deux autres x, y. Cette méthode n'est évidemment autre chose qu'un cas particulier de la première méthode ou de la seconde. Si l'on pose

$$dz = t\,dx + u\,dy,$$

on aura, ou

$$X = \frac{-t}{\sqrt{1 + t^2 + u^2}}, \quad Y = \frac{-u}{\sqrt{1 + t^2 + u^2}}, \quad Z = \frac{1}{\sqrt{1 + t^2 + u^2}};$$

ou

$$X = \frac{t}{\sqrt{1 + t^2 + u^2}}, \quad Y = \frac{u}{\sqrt{1 + t^2 + u^2}}, \quad Z = \frac{-1}{\sqrt{1 + t^2 + u^2}}.$$

V.

Les deux solutions trouvées dans l'article précédent se rapportent, évidemment, à des points opposés de la surface sphérique, ou à des directions opposées; ce qui est dans la nature même des choses, puisque l'on peut mener une normale aux deux faces (*plagæ*) d'une surface courbe. Si l'on veut distinguer entre elles ces deux régions, contiguës à sa surface, et appeler l'une *extérieure* et l'autre *intérieure*, nous pourrons attribuer à l'une et à l'autre normale sa solution convenable, au moyen du théorème développé dans le n° 7 de l'art. II, et en même temps nous aurons un criterium pour distinguer une région de l'autre.

Dans la *première* méthode, ce criterium sera donné par le signe de la valeur de la quantité W. Généralement parlant, la surface courbe sépare les parties de l'espace pour lesquelles W a une valeur positive, des parties pour lesquelles la valeur de W devient négative. Mais ce théorème fait voir facilement que si W acquiert une valeur positive vers la face extérieure, et que l'on conçoive une normale menée en dehors, on devra adopter la première solution. Du reste, dans chaque cas, on jugera facilement si la même règle pour le signe de W a lieu pour la surface entière, ou si elle varie avec les différentes parties. Tant que les coefficients P, Q, R ont des valeurs finies, et ne deviennent pas nuls tous les trois à la fois, la loi de la continuité empêchera toute incertitude.

Si nous suivons la *deuxième* méthode, nous pouvons concevoir sur la surface courbe deux systèmes de lignes courbes : l'un, pour lequel p est variable et q constant; l'autre, pour lequel q est variable, p constant; la position mutuelle de ces lignes par rapport à la région extérieure, doit décider laquelle des solutions il faut adopter. Toutes les fois que les trois lignes suivantes, savoir, la branche de la ligne du premier système qui partant de A croît avec p, la branche du second système partant de A et croissant avec q, et la normale menée vers le côté extérieur, sont placées d'une *manière semblable* à celle des axes des x, y, z à partir de l'origine des abscisses (par exemple, si, tant pour ces trois lignes que pour les trois autres, on peut concevoir la première dirigée vers la gauche, la deuxième vers la droite, et la troisième de bas en haut), la première solution doit être adoptée; mais chaque fois que la position mutuelle des trois premières lignes sera opposée à la position mutuelle des trois axes des x, y, z, la seconde solution aura lieu.

Dans la *troisième* méthode il faut voir si, quand z prend un accroissement positif, x et y ne changeant point, le passage se fait vers la région extérieure ou intérieure. Dans le premier cas, pour la normale dirigée vers l'extérieur, la première solution aura lieu; dans le second cas, la seconde.

VI.

De même qu'en transportant à la surface de la sphère la direction de la normale à la surface courbe, à chaque point déterminé de cette surface répond un point déterminé de la sphère; de même aussi une ligne quelconque, ou une figure quelconque sur la première surface, sera représentée par une ligne ou une figure correspondante sur la seconde. Dans la comparaison de deux figures se correspondant de cette manière mutuellement, dont l'une sera comme l'image de l'autre, deux points essentiels sont surtout à considérer : l'un, quand on n'a égard qu'à la quantité seulement; l'autre, quand, en faisant abstraction des relations quantitatives, on ne s'attache qu'à la seule position.

Le premier de ces points sera la base de quelques notions, qu'il paraît utile d'admettre dans la doctrine des surfaces courbes. Savoir, à chaque partie de la surface courbe enfermée dans des limites déterminées, nous assignons une *courbure totale* ou *entière,* qui est exprimée par l'aire de la figure qui lui correspond sur la surface sphérique. Il faut distinguer avec soin de cette courbure totale, la courbure en quelque sorte spécifique, que nous appellerons *mesure de la courbure* : cette dernière est rapportée à un *point* de la surface, et désignera le quotient qu'on obtient quand on divise la courbure totale de l'élément superficiel adjacent au point par l'aire de cet élément, et, par conséquent, indique le rapport des aires infiniment petites qui se correspondent mutuellement sur la surface courbe et sur la surface sphérique. L'utilité de ces innovations sera abondamment justifiée, comme nous l'espérons, par ce que nous expliquerons par la suite. Quant à ce qui regarde la terminologie, nous nous sommes surtout attaché à écarter toute ambiguïté; c'est pourquoi nous n'avons pas jugé convenable de suivre strictement l'analogie de la terminologie ordinairement adoptée dans la doctrine des lignes courbes planes (quoique non approuvée de tous), suivant laquelle par la mesure de la courbure on eût dû entendre simplement la *courbure,* et par courbure entière, l'*amplitude.* Mais pourquoi se montrer difficile sur les mots, pourvu qu'il n'y ait pas vide d'idées, et que la diction ne donne pas lieu à une interprétation erronée?

La position de la figure sur la surface sphérique peut être semblable ou opposée (inverse) à la position de la figure correspondante sur la surface courbe : le premier cas a lieu, quand deux lignes sur la surface courbe, partant du même point dans des directions différentes, mais non opposées, sont représentées sur la surface de la sphère par des lignes semblablement placées, savoir, quand l'image de la ligne placée à droite est elle-même à droite;

dans le second cas, le contraire a lieu. Nous distinguerons ces deux cas par le *signe* positif ou négatif de la mesure de la courbure; mais évidemment cette distinction ne peut avoir lieu qu'autant que sur chaque surface nous prenons une région déterminée, dans laquelle on doit concevoir la figure. Dans la sphère auxiliaire, nous emploierons toujours la face extérieure, opposée au centre; dans la surface courbe, on peut aussi adopter la face extérieure, ou celle qui est considérée comme extérieure, ou plutôt la région à laquelle on conçoit élevée une normale : car évidemment, par rapport à la similitude des figures, rien n'est changé, si sur la surface courbe on transporte à la région opposée tant la figure que sa normale, pourvu que son image soit toujours peinte dans la même région de la surface sphérique.

Le signe positif ou négatif, que nous avons assigné à la mesure de la courbure pour la position d'une figure infiniment petite, nous l'étendons aussi à la courbure totale d'une figure finie sur la surface courbe. Si cependant nous voulons embrasser cette matière dans toute sa généralité, il est besoin de quelques éclaircissements, que nous ne ferons que toucher ici en passant. Quand la figure sur la surface courbe est de telle nature qu'à chacun des points dans son intérieur répond sur la surface de la sphère un point *différent*, la définition n'a pas besoin d'explication ultérieure. Mais chaque fois que cette condition n'a pas lieu, il sera nécessaire de faire entrer en compte deux ou plusieurs fois certaines parties de la figure sur la surface sphérique, d'où, pour une position semblable ou opposée, pourra naître une accumulation ou une destruction. Le plus simple, en pareil cas, est de concevoir la figure sur la surface courbe divisée en parties telles, que chacune, considérée isolément, satisfasse à la condition précédente, d'attribuer à chacune d'elles sa courbure totale, en en déterminant la quantité par l'aire de la figure correspondante sur sa surface sphérique, et le signe par la position, et enfin d'assigner à la figure entière la courbure totale provenant de l'addition des courbures totales qui répondent aux différentes parties. Ainsi généralement la courbure totale d'une figure est égale à $\int k d\sigma$, en dénotant par $d\sigma$ l'élément de l'aire de la figure, et par k la mesure de la courbure en un point quelconque. Quant à ce qui appartient à la représentation géométrique de cette intégrale, ce qu'il y a de principal sur ce sujet revient à ce qui suit. Au contour de la figure sur la surface courbe (sous la restriction de l'art. III) correspondra toujours sur la surface sphérique une ligne revenant sur elle-même. Si elle ne se coupe point elle-même en aucun endroit, elle partagera toute la surface sphérique en deux parties, dont l'une répondra à la figure sur la surface courbe, et dont l'aire (prise positivement ou négativement suivant que par rapport à son contour elle est placée d'une manière semblable à celle de la figure sur la surface courbe par rapport au sien, ou d'une manière inverse), donnera la courbure totale de cette dernière. Mais chaque fois que cette ligne se coupe elle-même une ou plusieurs fois, elle présentera une figure compliquée, à laquelle cependant on peut attribuer une aire déterminée avec autant de raison qu'aux figures sans nœuds ; et cette aire, comprise comme elle doit l'être, donnera toujours une valeur exacte de la courbure totale. Nous nous réservons cependant de donner à une autre occasion une exposition plus étendue sur le sujet des figures conçues de la manière la plus générale.

VII.

Cherchons maintenant une formule pour exprimer la mesure de la courbure pour un point quelconque de la surface courbe. En dénotant par $d\sigma$ l'aire d'un élément de cette surface, $\mathrm{Z}d\sigma$ sera l'aire de la projection de cet élément sur le plan des coordonnées x, y; et, par suite, si $d\Sigma$ est l'aire de l'élément correspondant sur la surface sphérique, $\mathrm{Z}d\Sigma$ sera l'aire de la projection sur le même plan : le signe positif ou négatif de Z indiquera que a [situation de la projection est semblable ou opposée à la situation de l'élément projeté. Ces projections ont donc évidemment entre elles le même rapport quant à la quantité, et aussi le même rapport quant à leur situation, que les éléments eux-mêmes. Considérons maintenant un élément triangulaire sur la surface courbe, et supposons que les coordonnées des trois points, qui forment sa projection, sont

$$\begin{array}{ll} x, & y, \\ x + dx, & y + dy, \\ x + \delta x, & y + \delta y. \end{array}$$

Le double de l'aire de ce triangle sera exprimé par la formule

$$dx.\delta y - dy.\delta x,$$

et sous une forme positive ou négative, suivant que la position du côté qui joint le premier point au troisième par rapport au côté qui joint le premier point au second est semblable, ou opposée à la position de l'axe des coordonnées y, par rapport à l'axe des coordonnées x.

Par conséquent, si les coordonnées de trois points, qui forment la projection de l'élément correspondant sur la surface sphérique, prises à partir du centre de la sphère, sont

$$\begin{array}{ll} \mathrm{X}, & \mathrm{Y}, \\ \mathrm{X} + d\mathrm{X}, & \mathrm{Y} + d\mathrm{Y}, \\ \mathrm{X} + \delta\mathrm{X}, & \mathrm{Y} + \delta\mathrm{Y}, \end{array}$$

le double de l'aire de cette projection sera exprimé par

$$dX.\delta Y - dY.\delta X,$$

et le signe de cette expression se détermine de la même manière que ci-dessus. Donc la mesure de la courbure en ce lieu de la surface sera

$$k = \frac{dX.\delta Y - dY.\delta X}{dx.\delta y - dy.\delta x}.$$

Si nous supposons que la nature de la surface est donnée suivant le *troisième* mode considéré dans l'article IV, on aura X et Y sous forme de fonctions des quantités x et y; d'où

$$dX = \left(\frac{dX}{dx}\right) dx + \left(\frac{dX}{dy}\right) dy,$$

$$\delta X = \left(\frac{dX}{dx}\right) \delta x + \left(\frac{dX}{dy}\right) \delta y,$$

$$dY = \left(\frac{dY}{dx}\right) dx + \left(\frac{dY}{dy}\right) dy,$$

$$\delta Y = \left(\frac{dY}{dx}\right) \delta x + \left(\frac{dY}{dy}\right) \delta y.$$

Par la substitution de ces valeurs, l'expression précédente se change en celle-ci :

$$k = \left(\frac{dX}{dx}\right) \cdot \left(\frac{dY}{dy}\right) - \left(\frac{dX}{dy}\right) \cdot \left(\frac{dY}{dx}\right).$$

Posant, comme plus haut,

$$\frac{dz}{dx} = t, \quad \frac{dz}{dy} = u,$$

et, de plus,

$$\frac{d^2 z}{dx^2} = T, \quad \frac{d^2 z}{dx\,dy} = U, \quad \frac{d^2 z}{dy^2} = V,$$

ou

$$dt = T\,dx + U\,dy, \quad du = U\,dx + V\,dy,$$

nous aurons, d'après des formules données plus haut,

$$X = -tZ, \quad Y = -uZ, \quad (1 + t^2 + u^2) Z^2 = 1,$$

et, de là,

$$dX = -Z dt - t dZ,$$
$$dY = -Z du - u dZ,$$
$$(1 + t^2 + u^2) dZ + Z(t dt + u du) = 0,$$

ou

$$dZ = -Z^3 (t dt + u du),$$
$$dX = -Z^3 (1 + u^2) dt + Z^3 tu\, du,$$
$$dY = +Z^3 tu\, dt - Z^3 (1 + t^2)\, du,$$

et aussi

$$\frac{dX}{dx} = Z^3 [-(1 + u^2) T + tu U],$$
$$\frac{dX}{dy} = Z^3 [-(1 + u^2) U + tu V],$$
$$\frac{dY}{dx} = Z^3 [tu T - (1 + t^2) U],$$
$$\frac{dY}{dy} = Z^3 [tu U - (1 + t^2) V].$$

En substituant ces valeurs dans l'expression précédente, il vient

$$k = Z^6 (TV - U^2)(1 + t^2 + u^2) = Z^4 (TV - U^2) = \frac{TV - U^2}{(1 + t^2 + u^2)^2}.$$

VIII.

Par un choix convenable de l'origine et des axes des coordonnées, on peut faire facilement que, pour un point déterminé A, les valeurs des quantités t, u, U s'évanouissent. D'abord les deux premières conditions sont remplies, si l'on prend le plan tangent en ce point pour plan des coordonnées x, y. Si, de plus, on place l'origine en ce point, l'expression des coordonnées z acquiert évidemment cette forme,

$$z = \frac{1}{2} T^0 x^2 + U^0 xy + \frac{1}{2} V^0 y^2 + \Omega,$$

où Ω sera d'un ordre plus élevé que le second. Faisant ensuite tourner dans leur plan les axes des x, y d'un angle M, tel qu'on ait

$$\text{tang}\, 2\,\text{M} = \frac{2\,U^0}{T^0 - V^0},$$

on voit facilement que l'équation prendra cette forme,

$$z = \frac{1}{2} T x^2 + \frac{1}{2} V y^2 + \Omega;$$

et l'on satisfait ainsi à la troisième condition. Cela fait, on voit que :

1. Si la surface courbe est coupée par un plan normal, et passant par l'axe des coordonnées x, le rayon de courbure de la section au point A sera égal à $\frac{1}{T}$, le signe positif ou négatif indiquant que la courbe tourne sa concavité ou sa convexité vers la région où les coordonnées z sont positives.

2. De la même manière, $\frac{1}{V}$ sera au point A le rayon de courbure d'une courbe plane, section de la surface courbe par le plan passant par le plan des y, z.

3. En posant $x = r\cos\varphi$, $y = r\sin\varphi$, on a

$$z = \frac{1}{2}(T\cos^2\varphi + V\sin^2\varphi)\,r^2 + \Omega;$$

d'où l'on conclut que, si la section est faite par un plan normal en A à la surface, et faisant avec l'axe des x

l'angle φ, le rayon de courbure au point A sera égal à

$$\frac{1}{T\cos^2\varphi + V\sin^2\varphi}.$$

4. Chaque fois donc qu'on aura $T = V$, les rayons de courbure seront égaux dans *tous* les plans normaux. Mais, si T et V sont inégaux, il est évident, puisque, pour une valeur quelconque de l'angle φ, $T\cos^2\varphi + V\sin^2\varphi$ tombe entre T et V, que les rayons de courbure dans les sections principales, considérées dans les n°s 1 et 2, se rapportent aux courbures extrêmes, savoir : l'un à la courbure maximum, l'autre à la courbure minimum, si T et V sont affectés du même signe; et, au contraire, l'un à la plus grande convexité, l'autre à la plus grande concavité, si T et V ont des signes contraires. Ces conclusions contiennent presque tout ce que l'illustre Euler nous a enseigné le premier sur la courbure des surfaces.

5. La mesure de la courbure de la surface en un point A prend l'expression très-simple $k = TV$, d'où nous avons :

Théorème. *La mesure de la courbure en un point quelconque d'une surface est égale à une fraction, dont le numérateur est l'unité, et dont le dénominateur est le produit des deux rayons de courbures extrêmes dans les sections faites par les plans normaux.*

On voit en même temps que la mesure de la courbure est positive pour les surfaces concavo-concaves ou convexo-convexes (ce qui ne fait pas une différence essentielle), et négative pour les concavo-convexes. Si la surface est composée de parties de chaque espèce, sur leurs confins la mesure de la courbure devra s'annuler. On s'étendra plus longuement dans la suite sur la nature des surfaces courbes pour lesquelles la mesure de la courbure est partout nulle.

IX.

La formule générale pour la mesure de la courbure donnée à la fin de l'art. VII est de toutes la plus simple, puisqu'elle implique seulement cinq éléments; nous serons conduits à une formule plus compliquée, renfermant neuf éléments, si nous voulons employer la première manière d'exprimer la nature d'une surface (*). En conservant les notations de l'art. IV, nous poserons, de plus,

$$\frac{d^2W}{dx^2} = P', \qquad \frac{d^2W}{dy^2} = Q', \qquad \frac{d^2W}{dz^2} = R',$$

$$\frac{d^2W}{dy\,dz} = P'', \qquad \frac{d^2W}{dx\,dz} = Q'', \qquad \frac{d^2W}{dx\,dy} = R'',$$

de sorte qu'on ait

$$dP = P'\,dx + R''\,dy + Q''\,dz,$$
$$dQ = R''\,dx + Q'\,dy + P''\,dz,$$
$$dR = Q''\,dx + P''\,dy + R'\,dz.$$

Comme on a déjà $t = -\frac{P}{R}$, nous trouvons, par la différentiation,

$$R^2\,dt = -R\,dP + P\,dR = (PQ'' - RP')\,dx + (PP'' - RR'')\,dy$$
$$+ (PR' - RQ'')\,dz,$$

ou, en éliminant dz à l'aide de l'équation

$$P\,dx + Q\,dy + R\,dz = 0,$$

$$R^3\,dt = (-R^2P' + 2PRQ'' - P^2R')\,dx$$
$$+ (PRP'' + QRQ'' - PQR' - R^2R'')\,dy.$$

On obtient, en outre, de la même manière,

$$R^3\,du = (PRP'' + QRQ'' - PQR' - R^2R'')\,dx$$
$$+ (-R^2Q' + 2QRP'' - Q^2R')\,dy.$$

(*) *Voir* page 9.

Nous tirons de là,

$$R^3T = -R^2P' + 2PRQ'' - P^2R',$$
$$R^3U = PRP'' + QRQ'' + PQR' - R^2R'',$$
$$R^3V = -R^2Q' + 2QRP'' - Q^2R'.$$

En substituant ces valeurs dans la formule de l'art. VII, nous obtenons, pour la mesure de la courbure k, l'expression symétrique suivante,

$$(P^2+Q^2+R^2)^2 k = P^2(Q'R' - P''^2) + Q^2(P'R' - Q''^2)$$
$$+ R^2(P'Q' - R''^2) + 2QR(Q''R'' - P'P'')$$
$$+ 2PR(P''R'' - Q'Q'') + 2PQ(P''Q'' - R'R'').$$

X.

On obtiendra une formule encore plus compliquée, composée de quinze éléments, en suivant la seconde méthode générale (*) pour exprimer la nature des surfaces courbes. Il est cependant très-important de l'élaborer aussi. En conservant les signes de l'art. IV, posons, en outre,

$$\frac{d^2x}{dp^2} = \alpha, \quad \frac{d^2x}{dp\,dq} = \alpha', \quad \frac{d^2x}{dq^2} = \alpha'',$$
$$\frac{d^2y}{dp^2} = \beta, \quad \frac{d^2y}{dp\,dq} = \beta', \quad \frac{d^2y}{dq^2} = \beta'',$$
$$\frac{d^2z}{dp^2} = \gamma, \quad \frac{d^2z}{dp\,dq} = \gamma', \quad \frac{d^2z}{dq^2} = \gamma''.$$

Faisons encore, pour abréger,

$$bc' - cb' = A,$$
$$ca' - ac' = B,$$
$$ab' - ba' = C.$$

On a d'abord

$$A\,dx + B\,dy + C\,dz = 0,$$

ou

$$dz = -\frac{A}{C}dx - \frac{B}{C}dy;$$

(*) Cette seconde méthode est un système de coordonnées, longitudes et latitudes, généralisé. Tm.

mais aussi, quand z est considérée comme fonction de x, y, on a

$$\frac{dz}{dx} = t = -\frac{A}{C},$$

$$\frac{dz}{dy} = u = -\frac{B}{C}.$$

Nous tirons de $dx = adp + a'dq$, $dy = bdp + b'dq$,

$$C\,dp = b'\,dx - a'\,dy,$$

$$C\,dq = -\,bdx + ady.$$

Les différentielles complètes de t et de u sont donc

$${}^{3}dt = \left(A\frac{dC}{dp} - C\frac{dA}{dp}\right)(b'\,dx - a'\,dy) + \left(C\frac{dA}{dq} - A\frac{dC}{dq}\right)(bdx - ady),$$

$${}^{3}du = \left(B\frac{dC}{dp} - C\frac{dB}{dp}\right)(b'\,dx - a'\,dy) + \left(C\frac{dB}{dq} - B\frac{dC}{dq}\right)(bdx - ady).$$

Si maintenant, dans ces formules, nous substituons

$$\frac{dA}{dp} = c'\beta + b\gamma' - c\beta' - b'\gamma,$$

$$\frac{dA}{dq} = c'\beta' + b\gamma'' - c\beta'' - b'\gamma',$$

$$\frac{dB}{dp} = a'\gamma + c\alpha' - a\gamma' - c'\alpha,$$

$$\frac{dB}{dq} = a'\gamma' + c\alpha'' - a\gamma'' - c'\alpha',$$

$$\frac{dC}{dp} = b'\alpha + a\beta' - b\alpha' - a'\beta,$$

$$\frac{dC}{dq} = b'\alpha' + a\beta'' - b\alpha'' - a'\beta',$$

et si nous considérons que les valeurs des différentielles dt, du, ainsi obtenues, doivent être respectivement égales, indépendamment des différentielles dx, dy, aux quantités $T\,dx + U\,dy$, $U\,dx + V\,dy$, nous trouverons, après quelques transformations qui se présentent assez naturellement,

$$C^3T = \alpha A b'^2 + \beta B b'^2 + \gamma C b'^2$$
$$- 2\alpha' A bb' - 2\beta' B bb' - 2\gamma' C bb'$$
$$+ \alpha'' A b^2 + \beta'' B b^2 + \gamma'' C b^2,$$

$$C^3U = -\alpha A a'b' - \beta B a'b' - \gamma C a'b'$$
$$+ \alpha' A(ab' + ba') + \beta' B(ab' + ba') + \gamma' C(ab' + ba')$$
$$- \alpha'' A ab - \beta'' B ab - \gamma'' C ab,$$

$$C^3V = \alpha A a'^2 + \beta B a'^2 + \gamma C a'^2$$
$$- 2\alpha' A aa' - 2\beta' B aa' - 2\gamma' C aa'$$
$$+ \alpha'' A a^2 + \beta'' B a^2 + \gamma'' C a^2.$$

Si donc, pour abréger, nous posons

(1) $$A\alpha + B\beta + C\gamma = D,$$
(2) $$A\alpha' + B\beta' + C\gamma' = D',$$
(3) $$A\alpha'' + B\beta'' + C\gamma'' = D'',$$

on a

$$C^3T = Db'^2 - 2D'bb' + D''b^2,$$
$$C^3U = -Da'b' + D'(ab' + ba') - D''ab,$$
$$C^3V = Da'^2 - 2D'aa' + D''a^2.$$

De là, en faisant le développement,

$$C^6(TV - U^2) = (DD'' - D'^2)(ab' - ba')^2 = (DD'' - D'^2)C^2,$$

et, par conséquent, la formule, pour la mesure de la courbure,

$$k = \frac{DD'' - D'^2}{(A^2 + B^2 + C^2)^2}.$$

XI.

A l'aide de la formule que nous venons de trouver, nous en établirons une autre, qui doit être rangée parmi les théorèmes les plus féconds dans la doctrine des surfaces courbes. Introduisons les notations suivantes :

$$a^2 + b^2 + c^2 = E,$$
$$aa' + bb' + cc' = F,$$
$$a'^2 + b'^2 + c'^2 = G,$$

$$
\begin{array}{ll}
(4) & a\alpha + b\beta + c\gamma = m, \\
(5) & a\alpha' + b\beta' + c\gamma' = m', \\
(6) & a\alpha'' + b\beta'' + c\gamma'' = m'', \\
(7) & a'\alpha + b'\beta + c'\gamma = n, \\
(8) & a'\alpha' + b'\beta' + c'\gamma' = n', \\
(9) & a'\alpha'' + b'\beta'' + c'\gamma'' = n'',
\end{array}
$$

$$A^2 + B^2 + C^2 = EG - F^2 = \Delta.$$

Éliminons des équations (1), (4), (7) les quantités β, γ, ce que nous ferons en les multipliant par $bc' - cb'$, $b'C - c'B$, $cB' - bC$; et les ajoutant, il viendra

$$
\begin{aligned}
&[A(bc' - cb') + a(b'C - c'B) + a'(cB - bC)]\alpha \\
&= D(bc' - cb') + m(b'C - c'B) + n(cB - bC),
\end{aligned}
$$

équation que nous transformons facilement en celle-ci,

$$AD = \alpha\Delta + a(nF - mG) + a'(mF - nE).$$

De la même manière, l'élimination des quantités α, γ ou α, β des mêmes équations, donne

$$BD = \beta\Delta + b(nF - mG) + b'(mF - nE),$$

$$CD = \gamma\Delta + c(nF - mG) + c'(mF - nE).$$

En multipliant ces trois équations par α'', β'', γ'', et les ajoutant, on obtient

$$
(10) \quad \left\{
\begin{aligned}
DD'' &= (\alpha\alpha'' + \beta\beta'' + \gamma\gamma'')\Delta \\
&\quad + m''(nF - mG) + n''(mF - nE).
\end{aligned}
\right.
$$

Si nous traitons de la même manière les équations (2), (5), (8), il vient

$$AD' = \alpha'\Delta + a(n'F - m'G) + a'(m'F - n'E),$$

$$BD' = \beta'\Delta + b(n'F - m'G) + b'(m'F - n'E),$$

$$CD' = \gamma'\Delta + c(n'F - m'G) + c'(m'F - n'E);$$

ces équations étant multipliées par α', β', γ', leur addition donne

$$D'^2 = (\alpha'^2 + \beta'^2 + \gamma'^2)\Delta + m'(n'F - m'G) + n'(m'F - n'E).$$

La combinaison de cette équation avec l'équation (10) donne

$$DD'' - D'^2 = (\alpha\alpha'' + \beta\beta'' + \gamma\gamma'' - \alpha'^2 - \beta'^2 - \gamma'^2)\Delta$$
$$+ E(n'^2 - nn'') + F(nm'' - 2m'n' + mn'') + G(m'^2 - mm'').$$

Il est évident qu'on a

$$\frac{dE}{dp} = 2m, \quad \frac{dE}{dq} = 2m', \quad \frac{dF}{dp} = m' + n, \quad \frac{dF}{dq} = m'' + n',$$
$$\frac{dG}{dp} = 2n', \quad \frac{dG}{dq} = 2n'',$$

ou

$$m = \frac{1}{2}\frac{dE}{dp}, \quad m' = \frac{1}{2}\frac{dE}{dq}, \quad m'' = \frac{dF}{dq} - \frac{1}{2}\frac{dG}{dp},$$
$$n = \frac{dF}{dp} - \frac{1}{2}\frac{dE}{dq}, \quad n' = \frac{1}{2}\frac{dG}{dp}, \quad n'' = \frac{1}{2}\frac{dG}{dq}.$$

D'ailleurs on peut facilement s'assurer qu'on a

$$\alpha\alpha'' + \beta\beta'' + \gamma\gamma'' - \alpha'^2 - \beta'^2 - \gamma'^2 = \frac{dn}{dq} - \frac{dn'}{dp} = \frac{dm''}{dp} - \frac{dm'}{dq}$$
$$= -\frac{1}{2}\cdot\frac{d^2E}{dq^2} + \frac{d^2F}{dp.dq} - \frac{1}{2}\cdot\frac{d^2G}{dp^2}.$$

Si nous substituons ces diverses expressions dans la formule que nous avons trouvée à la fin de l'article précédent pour la mesure de la courbure, nous parvenons à la formule suivante, qui ne contient que les seules quantités E, F, G, et leurs quotients différentiels du premier et du second ordre,

$$4(EG - F^2)^2 k = E\left[\frac{dE}{dq}\cdot\frac{dG}{dq} - 2\frac{dF}{dp}\cdot\frac{dG}{dq} + \left(\frac{dG}{dp}\right)^2\right]$$
$$+ F\left(\frac{dE}{dp}\cdot\frac{dG}{dq} + \frac{dE}{dq}\cdot\frac{dG}{dp} - 2\frac{dE}{dq}\cdot\frac{dF}{dq} + 4\frac{dF}{dp}\cdot\frac{dF}{dq} - 2\frac{dF}{dp}\cdot\frac{dG}{dp}\right)$$
$$+ G\left[\frac{dE}{dp}\cdot\frac{dG}{dp} - 2\frac{dE}{dp}\cdot\frac{dF}{dq} + \left(\frac{dE}{dq}\right)^2\right]$$
$$- 2(EG - F^2)\left(\frac{d^2E}{dq^2} - 2\frac{d^2F}{dp.dq} + \frac{d^2G}{dp^2}\right).$$

XII.

Comme on a

$$dx^2 + dy^2 + dz^2 = E\,dp^2 + 2F\,dp.dq + G\,dq^2,$$

on voit que $\sqrt{E\,dp^2 + 2F\,dp.dq + G\,dq^2}$ est l'expression générale de l'élément linéaire sur une surface courbe. L'analyse développée dans l'article précédent nous apprend ainsi que, pour trouver la mesure de la courbure, on n'a pas besoin des formules finies, qui donnent les coordonnées x, y, z comme des fonctions des indéterminées p, q, mais qu'il suffit de l'expression générale de la grandeur d'un élément linéaire quelconque. Procédons à quelques applications de cet important théorème.

Supposons que notre surface courbe puisse être développée sur une autre surface, courbe ou plane, de façon qu'à chaque point de la première surface, déterminé par les coordonnées x, y, z, réponde un point déterminé de la seconde surface, dont les coordonnées soient x', y', z'. Évidemment x', y', z' pourront aussi être considérées comme des fonctions des indéterminées p, q, d'où viendra, pour l'élément $\sqrt{dx'^2 + dy'^2 + dz'^2}$, l'expression

$$\sqrt{E'\,dp^2 + 2F'\,dp.dq + G'\,dq^2},$$

E', F', G' désignant aussi des fonctions de p, q. Mais on voit, par la notion même du *développement* d'une surface sur une surface, que les éléments correspondants sur les deux surfaces sont nécessairement égaux, et qu'ainsi on a identiquement

$$E = E', \quad F = F', \quad G = G';$$

donc la formule de l'article précédent conduit spontanément à ce beau théorème :

Théorème. *Si une surface courbe est développée sur*

une autre surface quelconque, la mesure de la courbure en chaque point reste invariable.

Évidemment aussi, *une partie quelconque finie d'une surface courbe, après son développement sur une autre surface courbe, conservera la même courbure totale.*

Le cas spécial, auquel les géomètres ont restreint jusqu'ici leurs recherches, consiste dans les surfaces développables sur un plan. Notre théorie apprend spontanément que la mesure de la courbure de telles surfaces en un point quelconque est zéro; par conséquent, si leur nature est exprimée suivant la troisième méthode, on aura partout

$$\frac{d^2z}{dx^2} \cdot \frac{d^2z}{dy^2} - \left(\frac{d^2z}{dx \cdot dy}\right)^2 = 0.$$

Ce criterium, quoique bien connu, n'est pas démontré la plupart du temps, à notre avis du moins, avec la rigueur qu'on pourrait désirer.

XIII.

Ce que nous avons exposé dans l'article précédent se rattache à une manière particulière de considérer les surfaces, digne au plus haut point d'être cultivée avec soin par les géomètres. Quand l'on considère une surface non comme la limite d'un solide, mais comme un solide flexible quoique inextensible, dont une des dimensions est regardée comme évanouissante, les propriétés de la surface dépendent, en partie de la forme à laquelle on la conçoit réduite, en partie sont absolues, et restent invariables, suivant quelque forme qu'on la fléchisse. C'est à ces dernières propriétés, dont la recherche ouvre à la géométrie un champ nouveau et fertile, que doivent être rapportées la mesure de la courbure et la courbure totale, dans le sens que nous avons donné à ces expressions; à elles aussi appartiennent la doctrine des lignes les plus courtes, et la plus grande partie de ce que nous nous réservons de traiter plus tard.

Dans ce genre de considérations, une surface plane et une surface développable sur un plan, par exemple une surface cylindrique, conique, etc., sont regardées comme essentiellement identiques, et la manière naturelle d'exprimer généralement le caractère de la surface ainsi considérée est toujours fondée sur la formule

$$\sqrt{E\,dp^2 + 2F\,dp.dq + G\,dq^2},$$

qui lie l'élément linéaire aux deux indéterminées p, q. Mais, avant de poursuivre ultérieurement ce sujet, il faut s'occuper d'abord des principes de la théorie des *lignes de plus courte distance* sur une surface courbe.

XIV.

La nature d'une ligne courbe dans l'espace est donnée généralement de telle sorte, que les coordonnées x, y, z répondant à ses divers points, se présentent sous la forme de fonctions d'une variable que nous dénoterons par w. La longueur d'une telle ligne, depuis un point initial arbitraire jusqu'au point dont les coordonnées sont x, y, z, est exprimée par l'intégrale

$$\int dw.\sqrt{\left(\frac{dx}{dw}\right)^2 + \left(\frac{dy}{dw}\right)^2 + \left(\frac{dz}{dw}\right)^2}.$$

Si l'on suppose que la position de la ligne courbe éprouve une variation infiniment petite, de façon que les coordonnées des divers points reçoivent les variations δx, δy, δz, on trouve la variation de toute la longueur

$$= \int \frac{dx.d\delta z + dy.d\delta y + dz.d\delta z}{\sqrt{dx^2 + dy^2 + dz^2}},$$

expression que nous changeons en cette forme,

$$\frac{dx.\delta x + dy.\delta y + dz.\delta z}{\sqrt{dx^2 + dy^2 + dz^2}}$$

$$-\int \left\{ \begin{array}{l} \delta x . d \dfrac{dx}{\sqrt{dx^2 + dy^2 + dz^2}} + \delta y . d \dfrac{dy}{\sqrt{dx^2 + dy^2 + dz^2}} \\ + \delta z . d \dfrac{dz}{\sqrt{dx^2 + dy^2 + dz^2}} \end{array} \right\}.$$

Dans le cas où la ligne est la plus courte entre ses points extrêmes, on sait que tout ce qui se trouve sous le signe intégral doit s'évanouir. Quand la ligne doit être sur une surface donnée par l'équation

$$P\,dx + Q\,dy + R\,dz = 0,$$

les variations δx, δy, δz doivent satisfaire aussi à l'équation

$$P\,\delta x + Q\,\delta y + R\,\delta z = 0;$$

d'où, par des principes connus, on voit facilement que les différentielles

$$d.\frac{dx}{\sqrt{dx^2 + dy^2 + dz^2}}, \quad d.\frac{dy}{\sqrt{dx^2 + dy^2 + dz^2}}, \quad d.\frac{dz}{\sqrt{dx^2 + dy^2 + dz^2}},$$

doivent être respectivement proportionnelles aux quantités P, Q, R. Soient maintenant dr l'élément d'une ligne courbe, λ un point sur la surface de la sphère représentant la direction de cet élément, L un point sur la surface de la sphère représentant la direction de la normale à la surface courbe; soient enfin ξ, η, ζ les coordonnées du point λ, et X, Y, Z les coordonnées du point L par rapport au centre de la sphère. On aura ainsi

$$dx = \xi\,dr, \quad dy = \eta\,dr, \quad dz = \zeta\,dr;$$

d'où il résulte que les différentielles ci-dessus deviennent $d\xi$, $d\eta$, $d\zeta$. Et comme les quantités P, Q, R sont proportionnelles à X, Y, Z, le caractère de la ligne de plus courte distance consiste dans les équations

$$\frac{d\xi}{X}=\frac{d\eta}{Y}=\frac{d\zeta}{Z}.$$

Du reste, on voit facilement que $\sqrt{d\xi^2+d\eta^2+d\zeta^2}$ est égal, sur la surface sphérique, au petit arc qui mesure l'angle compris entre les directions des tangentes, au commencement et à la fin de l'élément dr, et que, par suite, il est égal à $\frac{dr}{\rho}$, si ρ dénote le rayon de courbure en ce lieu de la courbe la plus courte. On aura ainsi

$$\rho d\xi = X dr, \quad \rho d\eta = Y dr, \quad \rho d\zeta = Z dr.$$

XV.

Supposons que sur la surface courbe, il parte d'un point donné A une multitude de courbes de plus courte distance, que nous distinguerons entre elles par l'angle que forme le premier élément de chacune d'elles avec le premier élément de l'une de ces lignes prise pour la première; soient φ cet angle, ou plus généralement une fonction de cet angle, et r la longueur de la ligne la plus courte du point A jusqu'au point dont les coordonnées sont x, y, z. Comme, à des valeurs déterminées des variables r, φ, répondent des points déterminés de la surface, les coordonnées x, y, z peuvent être considérées comme des fonctions de r, φ. Nous conserverons d'ailleurs la même signification que dans l'article précédent aux notations λ, L, ξ, η, ζ, X, Y, Z, de façon à les rapporter généralement à un point quelconque d'une quelconque des lignes de plus courte distance.

Toutes les lignes de plus courte distance, qui sont d'une

égale longueur r, se termineront à une autre ligne, dont nous désignerons par ν la longueur comptée d'une origine arbitraire. On pourra ainsi considérer ν comme une fonction des indéterminées r, φ; et si nous désignons par λ' un point sur la surface de la sphère correspondant à la direction de l'élément $d\nu$, et par ξ', η', ζ' les coordonnées de ce point par rapport au centre de la sphère, nous aurons

$$\frac{dx}{d\varphi}=\xi'\cdot\frac{d\nu}{d\varphi},\quad \frac{dy}{d\varphi}=\eta'\cdot\frac{d\nu}{d\varphi},\quad \frac{dz}{d\varphi}=\zeta'\cdot\frac{d\nu}{d\varphi}.$$

De là et de

$$\frac{dx}{dr}=\xi,\quad \frac{dy}{dr}=\eta,\quad \frac{dz}{dr}=\zeta,$$

il suit

$$\frac{dx}{dr}\cdot\frac{dx}{d\varphi}+\frac{dy}{dr}\cdot\frac{dy}{d\varphi}+\frac{dz}{dr}\cdot\frac{dz}{d\varphi}=(\xi\xi'+\eta\eta'+\zeta\zeta')\frac{d\nu}{d\varphi}=\cos\lambda\lambda'\cdot\frac{d\nu}{d\varphi}.$$

Désignons le premier membre de cette équation, qui sera aussi fonction de r, φ, par S; sa différentiation suivant r donne

$$\frac{dS}{dr}=\frac{d^2x}{dr^2}\cdot\frac{dx}{d\varphi}+\frac{d^2y}{dr^2}\cdot\frac{dy}{d\varphi}+\frac{d^2z}{dr^2}\cdot\frac{dz}{d\varphi}$$

$$+\frac{1}{2}\,\frac{d\left[\left(\frac{dx}{dr}\right)^2+\left(\frac{dy}{dr}\right)^2+\left(\frac{dz}{dr}\right)^2\right]}{d\varphi}$$

$$=\frac{d\xi}{dr}\cdot\frac{dx}{d\varphi}+\frac{d\eta}{dr}\cdot\frac{dy}{d\varphi}+\frac{d\zeta}{dr}\cdot\frac{dz}{d\varphi}+\frac{1}{2}\,\frac{d(\xi^2+\eta^2+\zeta^2)}{d\varphi}.$$

Mais $\xi^2+\eta^2+\zeta^2=1$; par suite, sa différentielle est égale à zéro, et, par l'article précédent, nous avons, si ρ désigne toujours le rayon de courbure dans la ligne r,

$$\frac{d\xi}{dr}=\frac{X}{\rho},\quad \frac{d\eta}{dr}=\frac{Y}{\rho},\quad \frac{d\zeta}{dr}=\frac{Z}{\rho}.$$

Nous obtenons ainsi

$$\frac{dS}{dr} = \frac{1}{\rho} \cdot (X\xi' + Y\eta' + Z\zeta') \cdot \frac{du}{d\varphi} = \frac{1}{\rho} \cdot \cos L\lambda \cdot \frac{d\nu}{d\varphi} = 0,$$

puisque λ' est situé sur le grand cercle dont le pôle est L. De là nous concluons que S est indépendant de r, et, par conséquent, fonction seulement de φ; mais pour $r = 0$, il est évident qu'on a $\nu = 0$, par conséquent aussi $\frac{d\nu}{d\varphi} = 0$, et $S = 0$ indépendamment de φ. Ainsi, nécessairement, on devra avoir généralement $S = 0$, et aussi $\cos \lambda\lambda' = 0$, c'est-à-dire $\lambda\lambda' = 90^\circ$. De là nous tirons :

THÉORÈME. — *Si l'on mène sur une surface courbe d'un même point initial une multitude de lignes de plus courte distance de même longueur, la ligne qui joindra leurs extrémités sera normale à chacune d'elles.*

Nous avons tenu à déduire ce théorème de la propriété fondamentale des lignes de plus courte distance. Du reste, on peut se convaincre de sa vérité, sans aucun calcul, par le raisonnement suivant : Soient AB, AB′ deux lignes de plus courte distance de même longueur, comprenant en A un angle infiniment petit; et supposons que l'un des angles de l'élément BB′ avec les lignes BA, BA′ diffère d'une quantité finie de l'angle droit, d'où, par la loi de la continuité, l'un sera plus grand, l'autre moindre que l'angle droit. Supposons que l'angle en $B = 90^\circ - \omega$, et prenons sur la ligne AB un point C, tel qu'on ait

$$BC = BB' . \operatorname{coséc} \omega.$$

Comme on peut considérer le triangle infiniment petit BB′C comme plan, on aura

$$CB' = BC . \cos \omega,$$

et, par suite,

$$AC + CB' = AC + BC . \cos\omega = AB - BC . (1 - \cos\omega)$$
$$= AB' - BC . (1 - \cos\omega),$$

c'est-à-dire le passage du point A à B' par le point C plus court que la ligne de plus courte distance ; ce qui est absurde.

XVI.

Au théorème de l'article précédent, nous associons un autre théorème, que nous énonçons ainsi : *Si, sur une surface courbe, on conçoit une ligne quelconque, de chacun des points de laquelle partent, sous des angles droits et vers la même région, une quantité innombrable de lignes de plus courte distance de même longueur, la courbe qui joindra leurs autres extrémités, les coupera toutes sous des angles droits.* Pour le démontrer, on n'a rien à changer à l'analyse précédente, si ce n'est que φ doit désigner la longueur de la courbe *donnée* comptée d'un point arbitraire, ou, si l'on aime mieux, une fonction de cette longueur. Ainsi, tous les raisonnements auront également lieu, avec cette modification, que la vérité de l'équation $S = 0$ pour $r = 0$ est maintenant comprise dans l'hypothèse même. Du reste, cet autre théorème est plus général que le précédent, qu'il peut aussi être censé comprendre, si pour ligne donnée nous adoptons un cercle infiniment petit décrit autour de A comme centre. Enfin, nous avertissons qu'ici encore des considérations géométriques peuvent tenir lieu de l'analyse. Comme elles se présentent assez naturellement, nous ne nous y arrêterons pas.

XVII.

Revenons à la formule $\sqrt{E\,dp^2 + 2F\,dp\,.\,dq + G\,dq^2}$, qui exprime généralement la grandeur de l'élément linéaire sur une surface courbe, et, avant tout, examinons la signification géométrique des coefficients E, F, G. Déjà, dans l'art. V, nous avons averti qu'on peut concevoir, sur la surface courbe, deux systèmes de lignes : l'un, pour lequel p seul est variable, q constant; l'autre, dans lequel q seul est variable, p constant. Un point quelconque de la surface peut donc être considéré comme l'intersection d'une ligne du premier système avec une ligne du second; et alors l'élément de la première ligne adjacente à ce point, et répondant à la variation dp, sera égal à $\sqrt{E}.dp$; et l'élément de la seconde ligne répondant à la variation dq sera égal à $\sqrt{G}.dq$; enfin, en désignant par ω l'angle compris entre ces éléments, on voit facilement que $\cos\omega = \frac{F}{\sqrt{EG}}$. Et l'aire de l'élément du parallélogramme compris sur la surface courbe entre deux lignes du premier système, auxquelles répondent q, $q+dq$, et deux lignes du second système, auxquelles répondent p, $p+dp$, sera $\sqrt{EG-F^2}.dp.dq$.

Une ligne quelconque sur la surface courbe, n'appartenant à aucun de ces systèmes, prend naissance quand p et q sont regardés comme fonctions d'une variable nouvelle, ou l'une comme fonction de l'autre. Soit s la longueur d'une telle courbe comptée d'une origine arbitraire, et vers une direction quelconque regardée comme positive. Désignons par θ l'angle fait par l'élément $ds = \sqrt{E\,dp^2 + 2F\,dp.dq + G\,dq^2}$ avec une ligne du premier système menée par l'origine de l'élément, et, pour ne laisser aucune ambiguïté, nous supposerons que cet angle part toujours de cette branche de la ligne pour laquelle les valeurs de p augmentent, et qu'on le prend positivement du côté vers lequel les valeurs de q augmentent. Cela ainsi compris, on voit facilement qu'on a

$$\cos\theta.ds = \sqrt{E}.dp + \sqrt{G}.\cos\omega.dq = \frac{E\,dp + F\,dq}{\sqrt{E}},$$

$$\sin\theta.ds = \sqrt{G}.\sin\omega.dq = \frac{\sqrt{EG-F^2}.dq}{\sqrt{E}}.$$

XVIII.

Nous chercherons maintenant quelle est la condition pour que cette ligne soit la plus courte. Puisque la longueur de s est exprimée par l'intégrale

$$s = \int \sqrt{E\,dp^2 + 2F\,dp.dq + G\,dq^2},$$

la condition du minimum exige que la variation de cette intégrale, venant d'un changement infiniment petit dans la situation de cette ligne, devienne zéro. Le calcul, pour cette recherche, se fait plus commodément dans ce cas, si nous considérons p comme fonction de q. Cela fait, si la variation est désignée par la caractéristique δ, nous avons

$$\delta s = \int \frac{\left(\frac{dE}{dp}\cdot dp^2 + \frac{2\,dF}{dp}\cdot dp.dq + \frac{dG}{dp}\cdot dq^2\right)\delta p + (2E\,dp + 2F\,dq)\,d\delta p}{2\,ds}$$

$$= \frac{E\,dp + F\,dq}{ds}\cdot\delta p$$

$$+ \int \delta p \left(\frac{\frac{dE}{dp}\cdot dp^2 + \frac{2\,dF}{dp}\cdot dp.dq + \frac{dG}{dp}\cdot dq^2}{2\,ds} - d.\frac{E\,dp + F\,dq}{ds}\right),$$

et l'on sait que l'expression sous le signe intégral doit s'évanouir indépendamment de p. On a ainsi

$$\frac{dE}{dp}\cdot dp^2 + \frac{2\,dF}{dp}\cdot dp.dq + \frac{dG}{dp}\cdot dq^2 = 2\,ds.d\frac{E\,dp + F\,dq}{ds}$$

$$= 2\,ds.d.\sqrt{E}\cos\theta = \frac{ds.dE.\cos\theta}{\sqrt{E}} - 2\,ds.d\theta.\sqrt{E}.\sin\theta$$

$$= \frac{(E\,dp + F\,dq)\,dE}{E} - 2\sqrt{EG - F^2}.dq.d\theta$$

$$= \left(\frac{E\,dp + F\,dq}{E}\right)\cdot\left(\frac{dE}{dp}dp + \frac{dE}{dq}.dq\right) - 2\sqrt{EG - F^2}.dq.d\theta.$$

De là nous tirons, pour la ligne la plus courte, l'équation de condition suivante :

$$\sqrt{EG - F^2}\,.\,d\theta = \frac{1}{2}\frac{F}{E}\cdot\frac{dE}{dp}\,.\,dp + \frac{1}{2}\frac{F}{E}\cdot\frac{dE}{dq}\,.\,dq + \frac{1}{2}\frac{dE}{dq}\cdot dp$$
$$- \frac{dF}{dp}\,.\,dp - \frac{1}{2}\frac{dG}{dp}\,.\,dq,$$

qu'on peut aussi écrire ainsi :

$$\sqrt{EG - F^2}\,.\,d\theta = \frac{1}{2}\frac{F}{E}\,.\,dE + \frac{1}{2}\frac{dE}{dq}\,.\,dp - \frac{dF}{dp}\,.\,dp - \frac{1}{2}\frac{dG}{dp}\,.\,dq.$$

Du reste, à l'aide de l'équation

$$\cot\theta = \frac{E}{\sqrt{EG - F^2}}\cdot\frac{dp}{dq} + \frac{F}{\sqrt{EG - F^2}},$$

on peut éliminer, de la précédente équation, l'angle θ, et développer ainsi l'équation différentielle du second ordre entre p et q, qui se trouverait cependant plus compliquée et moins utile pour les applications que la précédente.

XIX.

Les formules générales que nous avons trouvées pour la mesure de la courbure et pour la variation de direction de la ligne de plus courte distance dans les art. XI, XVIII, deviennent beaucoup plus simples, si les quantités p, q sont choisies de telle sorte que les lignes du premier système coupent toujours orthogonalement les lignes du second système, c'est-à-dire de telle sorte, qu'on ait généralement $\omega = 90^\circ$ ou $F = 0$. Alors on a, pour la mesure de la courbure,

$$4\,E^2G^2k = E\,.\,\frac{dE}{dq}\cdot\frac{dG}{dq} + E\left(\frac{dG}{dp}\right)^2 + G\,.\,\frac{dE}{dp}\cdot\frac{dG}{dp} + G\,.\left(\frac{dE}{dq}\right)^2$$
$$- 2\,EG\left(\frac{d^2E}{dq^2} + \frac{d^2G}{dp^2}\right),$$

et, pour la variation de l'angle θ,

$$\sqrt{EG}\,.\,d\theta = \frac{1}{2}\frac{dE}{dq}\,.\,dp - \frac{1}{2}\frac{dG}{dp}\,.\,dq.$$

Parmi les divers cas dans lesquels a lieu cette condition d'orthogonalité, tient le premier rang celui où toutes les lignes de l'un ou l'autre système, par exemple du premier, sont des lignes de plus courte distance. Là, en effet, pour une valeur constante de q, l'angle θ devient zéro; d'où l'équation qu'on vient de donner pour la variation de θ montre qu'on doit avoir $\frac{dE}{dq} = 0$, ou que le coefficient E doit être indépendant de q, c'est-à-dire que E doit être ou constant ou fonction seulement de p. Le plus simple sera d'adopter pour p la longueur même de chaque ligne du premier système, et même chaque fois que toutes les lignes du premier système concourent en un point, de compter cette longueur de ce point, ou, s'il n'y a pas de commune intersection, d'une ligne quelconque du second système. Ceci compris, on voit que p et q désignent maintenant les mêmes quantités que, dans les art. XV, XVI, nous avions exprimées par r et φ, et qu'on a $E = 1$. Ainsi, les deux formules précédentes se transforment en celles-ci :

$$4G^2k = \left(\frac{dG}{dp}\right)^2 - 2G\frac{d^2G}{dp^2},$$

$$\sqrt{G}\,.\,d\theta = -\frac{1}{2}\frac{dG}{dp}\,.\,dq,$$

ou, en posant $\sqrt{G} = m$,

$$k = -\frac{1}{m}\cdot\frac{d^2m}{dp^2}, \quad d\theta = -\frac{dm}{dp}\,.\,dq.$$

Généralement parlant, m sera fonction de p, q, et $m\,dq$ l'expression de l'élément d'une ligne quelconque du second système. Mais dans le cas particulier où toutes les lignes p partent du même point, évidemment, pour $p = 0$, on doit avoir $m = 0$; donc si, dans ce cas, nous adoptons pour q l'angle même que le premier élément d'une ligne quelconque du premier système fait avec l'élément de l'une d'elles arbitrairement choisie, comme pour une valeur infiniment petite de p, l'élément d'une ligne du second système (qu'on peut considérer comme un cercle décrit du rayon p), est égal à $p\,dq$, on aura, pour une valeur infiniment petite de p, $m = p$, et ainsi, pour $p = 0$, on aura en même temps $m = 0$ et $\frac{dm}{dp} = 1$.

XX.

Arrêtons-nous encore à la même supposition, savoir, que p désigne la longueur de la ligne la plus courte menée d'un point déterminé A à un point quelconque de la surface, et q l'angle que le premier élément de cette ligne fait avec le premier élément d'une autre ligne donnée de plus courte distance, partant de A. Soient B un point déterminé sur cette ligne pour laquelle $q = 0$, et C un autre point déterminé de la surface, pour lequel nous désignerons simplement par A la valeur de q. Supposons les points B et C joints par la ligne la plus courte, dont les parties, comptées du point B, seront désignées, comme dans l'art. XVIII, par s, et, comme dans ce même article, θ désignera l'angle qu'un élément quelconque ds fait avec l'élément dp; soient enfin θ^0, θ' les valeurs de l'angle θ aux points B et C. Nous avons ainsi sur la surface courbe un triangle formé par des lignes de plus courte distance, dont les angles en B et C, que nous désignerons simplement par ces mêmes lettres, seront égaux, l'un au complément de θ^0 à 180 degrés, l'autre à l'angle θ'. Mais comme il est facile de voir, par notre analyse, que tous les angles sont exprimés, non en degrés, mais en nombres, de façon que l'angle $57^\circ 17' 45''$, auquel correspond l'arc égal au rayon, est pris pour unité, on doit poser, en désignant par 2π la circonférence du cercle,

$$\theta^0 = \pi - B, \quad \theta' = C.$$

Cherchons maintenant la courbure totale de ce triangle, qui est égale à $\int k d\sigma$, $d\sigma$ désignant l'élément superficiel du triangle; et comme cet élément est exprimé par $mdp.dq$, il faut prendre l'intégrale $\int\int kmdp.dq$ pour toute la surface du triangle. Commençons par l'intégration suivant p, laquelle, à cause de $k = -\frac{1}{m}.\frac{d^2m}{dp^2}$, donne $dq.\left(\text{const.} - \frac{dm}{dp}\right)$ pour la courbure totale de l'aire située entre les lignes du premier système auxquelles correspondent les valeurs de la seconde indéterminée $q, q + dq$. Comme cette courbure doit devenir nulle pour $p = 0$, la quantité constante introduite par l'intégration doit être égale à la valeur de $\frac{dm}{dp}$ pour $p = 0$, c'est-à-dire à l'unité. Nous avons ainsi $dq.\left(1 - \frac{dm}{dp}\right)$, où il faut prendre pour $\frac{dm}{dp}$ la valeur correspondante à la fin de cette aire sur la ligne CB. Mais, dans cette ligne, on a, par le paragraphe précédent,

$$\frac{dm}{dp}.dq = -d\theta,$$

d'où notre expression se change en $dq + d\theta$. Par une seconde intégration prise depuis $q = 0$ jusqu'à $q = A$, nous obtenons la courbure totale du triangle

$$= A + \theta' - \theta^0 = A + B + C - \pi.$$

La courbure totale est égale à l'aire de cette partie de la surface sphérique qui correspond au triangle, affectée du signe positif ou négatif, suivant que la surface courbe, sur laquelle est situé le triangle, est concavo-concave ou concavo-convexe; pour unité d'aire, on doit prendre le carré, dont le côté est l'unité (le rayon de la sphère), et, par suite, la surface totale de la sphère égale 4π. La partie de la surface sphérique correspondante au triangle est ainsi, à la surface entière de la sphère, comme $\pm (A + B + C - \pi)$

est à 4π. Ce théorème, qu'on doit regarder, si nous ne nous trompons, comme un des plus élégants de la théorie des surfaces courbes, peut aussi être énoncé de la manière suivante :

L'excès sur 180 *degrés de la somme des angles d'un triangle formé sur une surface courbe concavo-concave par des lignes de plus courte distance, ou la différence à* 180 *degrés de la somme des angles d'un triangle formé sur une surface courbe concavo-convexe par des lignes de plus courte distance, a pour mesure l'aire de la partie de la surface sphérique qui correspond à ce triangle, par les directions des normales, pourvu qu'on égale la surface entière à* 720 *degrés.*

Plus généralement, dans un polygone quelconque de n côtés, formés chacun par des lignes de plus courte distance, l'excès de la somme des angles sur $(2n - 4)$ droits, ou la différence à $(2n - 4)$ droits (suivant la nature de la surface courbe), est égal à l'aire du polygone correspondant sur la surface de la sphère, comme il découle spontanément du théorème précédent par le partage du polygone en triangles.

XXI.

Rendons aux lettres p, q, E, F, G, π les significations générales que nous leur avions données plus haut, et supposons, en outre, que la nature de la surface courbe est déterminée d'une manière semblable par deux autres variables p', q', dans laquelle l'élément linéaire s'exprime par

$$\sqrt{E' dp'^2 + 2F' dp' . dq' + G' dq'^2}.$$

Ainsi, à un point quelconque de la surface défini par des valeurs déterminées des variables p, q, répondront des valeurs déterminées des variables p', q'; celles-ci seront donc fonctions de p, q, et nous supposerons qu'on obtient, par leur différentiation,

$$dp' = \alpha\, dp + \beta\, dq,$$
$$dq' = \gamma\, dp + \delta\, dq.$$

Proposons-nous de chercher la signification géométrique de ces coefficients α, β, γ, δ.

On peut ainsi concevoir maintenant sur la surface courbe *quatre* systèmes de lignes pour lesquelles q, p, q', p' sont respectivement constantes. Si par le point déterminé auquel répondent les valeurs p, q, p', q' des variables, nous supposons qu'on mène quatre lignes appartenant à chacun de ces systèmes, aux variations positives dp, dq, dp', dq' répondront les éléments

$$\sqrt{E}.dp,\quad \sqrt{G}.dq,\quad \sqrt{E'}.dp',\quad \sqrt{G'}.dq'.$$

Nous désignerons les angles que les directions de ces éléments font avec une direction fixe arbitraire, par M, N, M', N', en comptant dans le sens où est placée la seconde par rapport à la première, de façon que $\sin(N - M)$ soit une quantité positive : nous supposerons (ce qui est permis) que la quatrième est placée dans le même sens par rapport à la troisième, de façon que $\sin(N' - M')$ soit aussi une quantité positive. Cela compris ainsi, si nous considérons un autre point, infiniment peu distant du premier, auquel correspondent les valeurs $p + dp$, $q + dq$, $p' + dp'$, $q' + dq'$ des variables, avec un peu d'attention nous reconnaîtrons qu'on a en général, c'est-à-dire indépendamment des valeurs des variations dp, dq, dp', dq',

$$\sqrt{E}.dp.\sin M + \sqrt{G}.dq.\sin N = \sqrt{E'}.dp'.\sin M' + \sqrt{G'}.dq'.\sin N',$$

puisque chacune de ces expressions n'est autre chose que la distance du nouveau point à la ligne à partir de laquelle commencent les angles des directions. Mais nous avons, par la notation déjà introduite plus haut, $N - M = \omega$, et, par analogie, nous poserons $N' - M' = \omega'$, et, de plus, $N - M' = \psi$. L'équation que nous venons de trouver peut ainsi se mettre sous la forme suivante :

$$\sqrt{E}.dp.\sin(M' - \omega + \psi) + \sqrt{G}.dq.\sin(M' + \psi)$$
$$= \sqrt{E'}.dp'.\sin M' + \sqrt{G'}.dq'.\sin(M' + \omega'),$$

ou sous celle-ci :

$$\sqrt{E}.dp.\sin(N' - \omega - \omega' + \psi) + \sqrt{G}.dq.\sin(N' - \omega' + \psi)$$
$$= \sqrt{E'}.dp'.\sin(N' - \omega') + \sqrt{G'}.dq'.\sin N'.$$

Et comme l'équation doit évidemment être indépendante de la direction initiale, on peut prendre celle-ci à volonté. En posant ainsi dans la seconde forme $N' = 0$, ou dans la première $M' = 0$, nous obtenons les équations suivantes :

$$\sqrt{E'}.\sin\omega'.dp' = \sqrt{E}.\sin(\omega + \omega' - \psi).dp + \sqrt{G}.\sin(\omega' - \psi).dq,$$
$$\sqrt{G'}.\sin\omega'.dq' = \sqrt{E}.\sin(\psi - \omega).dp + \sqrt{G}.\sin\psi.dq;$$

comme ces équations doivent être identiques avec celles-ci,

$$dp' = \alpha.dp + \beta.dp,$$
$$dq' = \gamma.dp + \delta.dq,$$

elles donneront la détermination suivante des coefficients α, β, γ, δ :

$$\alpha = \sqrt{\frac{E}{E'}}.\frac{\sin(\omega + \omega' - \psi)}{\sin\omega'}, \qquad \beta = \sqrt{\frac{G}{E'}}.\frac{\sin(\omega' - \psi)}{\sin\omega'},$$
$$\gamma = \sqrt{\frac{E}{G'}}.\frac{\sin(\psi - \omega)}{\sin\omega'}, \qquad \delta = \sqrt{\frac{G}{G'}}.\frac{\sin\psi}{\sin\omega'}.$$

On doit leur adjoindre les équations

$$\cos\omega = \frac{F}{\sqrt{EG}}, \qquad \cos\omega' = \frac{F'}{\sqrt{E'G'}},$$
$$\sin\omega = \sqrt{\frac{EG - F^2}{EG}}, \qquad \sin\omega' = \sqrt{\frac{E'G' - F'^2}{E'G'}}.$$

Par suite, les quatre équations peuvent aussi être présentées ainsi :

$$\alpha\sqrt{E'G'-F'^2}=\sqrt{EG'}.\sin(\omega+\omega'-\psi),$$
$$\beta\sqrt{E'G'-F'^2}=\sqrt{GG'}.\sin(\omega'-\psi),$$
$$\gamma\sqrt{E'G'-F'^2}=\sqrt{EE'}.\sin(\psi-\omega),$$
$$\delta\sqrt{E'G'-F'^2}=\sqrt{GE'}.\sin\psi.$$

Comme, par les substitutions $dp'=\alpha.dp+\beta.dq$, $dq'=\gamma.dp+\delta.dq$, le trinôme

$$E'dp'^2+2F'dp'.dq'+G'dq'^2$$

doit se changer en $E dp^2+2F dp.dq+G dq^2$, on obtient facilement

$$EG-F^2=(E'G'-F'^2)(\alpha\delta-\beta\gamma)^2;$$

et comme, *vice versâ*, le second trinôme doit se changer de nouveau dans le premier par la substitution

$$(\alpha\delta-\beta\gamma)dp=\delta dp'-\beta dq',\quad(\alpha\delta-\beta\gamma)dq=-\gamma dp'+\alpha dq',$$

nous trouvons

$$E\delta^2-2F\gamma\delta+G\gamma^2=\frac{EG-F^2}{E'G'-F'^2}.E',$$
$$E\beta\delta-F(\alpha\delta+\beta\gamma)+G\alpha\gamma=\frac{EG-F^2}{E'G'-F'^2}.F',$$
$$E\beta^2-2F\alpha\beta+G\alpha^2=\frac{EG-F^2}{E'G'-F'^2}.G'.$$

XXII.

Descendons de la recherche générale de l'article précédent à l'application très-large dans laquelle, en laissant encore à p et q leur signification la plus générale, nous adoptons pour p', q', les quantités désignées dans l'art. XV par r, φ (lettres dont nous nous servirons ici aussi), de sorte que, pour un point quelconque de la surface, r soit la plus courte distance à un point déterminé, et φ l'angle en ce point entre le premier élément de r et une direction fixe. Nous avons ainsi $E' = 1$, $F' = 0$, $\omega = 90$ degrés; nous poserons, de plus, $\sqrt{G'} = m$, de sorte que l'élément linéaire quelconque devienne $= \sqrt{dr^2 + m^2 d\varphi^2}$. Par suite, les quatre équations trouvées dans l'article précédent pour α, β, γ, δ, donnent :

$$(1) \qquad \sqrt{E} \,.\, \cos(\omega - \psi) = \frac{dr}{dp},$$

$$(2) \qquad \sqrt{G} \,.\, \cos\psi = \frac{dr}{dq},$$

$$(3) \qquad \sqrt{E} \,.\, \sin(\psi - \omega) = m \,.\, \frac{d\varphi}{dp},$$

$$(4) \qquad \sqrt{G} \,.\, \sin\psi = m \,.\, \frac{d\varphi}{dq}.$$

Mais la dernière et l'avant-dernière donnent

$$(5) \qquad EG - F^2 = E\left(\frac{dr}{dq}\right)^2 - 2F \,.\, \frac{dr}{dp} \,.\, \frac{dr}{dq} + G\left(\frac{dr}{dp}\right)^2,$$

$$(6) \qquad \left(E \,.\, \frac{dr}{dq} - F\frac{dr}{dp}\right)\frac{d\varphi}{dq} = \left(F \,.\, \frac{dr}{dq} - G \,.\, \frac{dr}{dp}\right)\frac{d\varphi}{dp}.$$

C'est de ces équations qu'on doit tirer la détermination des quantités r, φ, ψ et (si besoin est) m, en p et q; savoir : l'intégration de l'équation (5) donnera r, et, ceci trouvé, l'intégration de l'équation (6) donnera φ, et l'une ou l'autre des équations (1), (2), ψ; enfin, on aura m par l'une ou l'autre des équations (3), (4).

L'intégration générale des équations (5), (6) doit nécessairement introduire deux fonctions arbitraires, et nous comprendrons facilement leur signification, si nous faisons attention que ces équations ne sont pas limitées au cas que nous considérons ici, mais qu'elles ont encore lieu, si l'on prend r et φ dans la signification générale de l'art. XVI, de façon que r soit la longueur de la ligne la plus courte menée normalement à une ligne arbitraire déterminée, et φ une fonction arbitraire de la partie de la ligne qui est interceptée entre la ligne indéfinie de plus courte distance, et un point arbitraire déterminé. La solution générale doit ainsi embrasser tout cela d'une manière indéfinie, et les fonctions arbitraires deviendront définies, quand cette ligne arbitraire et la fonction des parties que φ doit donner sont assignées. Dans notre cas, on peut adopter un cercle infiniment petit, ayant son centre au point d'où l'on compte les distances r, et φ désignera les parties mêmes de ce cercle divisées par le rayon; d'où l'on conclut facilement que les équations (5) et (6) suffisent complétement pour notre cas, pourvu que ce qu'elles laissent indéfini soit assujetti à cette condition, que r et φ conviennent pour ce point initial, et pour les points qui en sont infiniment peu distants.

D'ailleurs, pour ce qui regarde l'intégration même des équations (5), (6), on sait qu'elle peut se réduire à l'intégration d'équations aux différentielles partielles ordinaires, qui cependant sont la plupart des temps si compliquées, qu'il y a peu d'avantage à en tirer. Au contraire, le développement en séries qui suffisent abondamment aux besoins de la pratique, tant qu'il ne s'agit que de parties médiocres de la surface, n'est sujet à aucunes difficultés, et les formules rapportées ouvrent ainsi une source féconde pour la solution d'un grand nombre de problèmes très-importants. Mais, en cet endroit, nous ne développerons qu'un seul exemple pour montrer le caractère de la méthode.

XXIII.

Nous considérerons le cas où toutes les lignes pour lesquelles p est constant sont des lignes de plus courte distance, coupant orthogonalement la ligne pour laquelle $\varphi = 0$, et que nous pourrons regarder comme ligne des abscisses. Soient A le point pour lequel $r = 0$, D un point quelconque sur la ligne des abscisses, $AD = p$, B un point quelconque sur la ligne de plus courte distance normale à AD en D, et $BD = q$, de façon qu'on puisse considérer p comme l'abscisse, q comme l'ordonnée du point B; nous prenons les abscisses positives sur la branche de la ligne des abscisses à laquelle répond $\varphi = 0$, tandis que nous regardons r toujours comme une quantité positive; nous prenons les ordonnées positives dans la région où φ est compris entre 0 et 180 degrés.

Par le théorème de l'art. XVI, nous aurons $\omega = 90^\circ$, $F = 0$ et $G = 1$; nous poserons de plus $\sqrt{E} = n$. n sera ainsi fonction de p et q, et telle que pour $q = 0$ elle doit être égale à 1. L'application à notre cas de la formule rapportée dans l'art. XVIII montre que, dans une ligne *quelconque* de plus courte distance, on doit avoir $d\theta = \frac{dn}{dq} \cdot dp$, θ désignant l'angle compris entre l'élément de cette ligne et l'élément de la ligne pour laquelle q est constant. Comme déjà la ligne des abscisses est une ligne de plus courte distance, et que, pour elle, partout $\theta = 0$, on voit que, pour $q = 0$, on doit avoir partout $\frac{dn}{dq} = 0$. De là donc nous concluons que, si n est développée en série suivant les puissances croissantes de q, elle doit avoir la forme suivante :

$$n = 1 + fq^2 + gq^3 + hq^4 + \text{etc.},$$

où f, g, h, etc., seront fonctions de p, et nous poserons

$$f = f^0 + f'p + f''p^2 + \text{etc.},$$
$$g = g^0 + g'p + g''p^2 + \text{etc.},$$
$$h = h^0 + h'p + h''p^2 + \text{etc.},$$

ou

$$n = 1 + f^0 q^2 + f' pq^2 + f'' p^2 q^2 + \text{etc.},$$
$$+ g^0 q^3 + g' pq^3 + \text{etc.},$$
$$+ h^0 q^4 + \text{etc.}$$

XXIV.

Les équations de l'art. XXII donnent, dans le cas dont nous nous occupons,

$$n \sin\psi = \frac{dr}{dp}, \quad \cos\psi = \frac{dr}{dq}, \quad -n\cos\psi = m.\frac{d\varphi}{dp}, \quad \sin\psi = m.\frac{d\varphi}{dq},$$

$$n^2 = n^2\left(\frac{dr}{dq}\right)^2 + \left(\frac{dr}{dp}\right)^2, \quad n^2.\frac{dr}{dq}.\frac{d\varphi}{dq} + \frac{dr}{dp}.\frac{d\varphi}{dp} = 0.$$

A l'aide de ces équations, dont la cinquième et la sixième sont déjà comprises dans les autres, on pourra développer les séries pour r, φ, ψ, m, ou pour des fonctions quelconques de ces quantités ; nous allons traiter ici celles qui sont les plus dignes d'attention.

Comme, pour des valeurs infiniment petites de p, q, on doit avoir $r^2 = p^2 + q^2$, la série pour r^2 commencera par les termes $p^2 + q^2$; nous obtiendrons les termes d'un ordre plus élevé par la méthode des coefficients indéterminés (*), à l'aide de l'équation

$$\left(\frac{1}{n}.\frac{d.r^2}{dp}\right)^2 + \left(\frac{d.r^2}{dq}\right) = 4r^2,$$

savoir :

$$[1] \quad r^2 = p^2 + \frac{3}{2}f^0 p^2 q^2 + \frac{1}{2}f' p^3 q^2 + \left(\frac{2}{5}f'' - \frac{4}{45}f^{02}\right)p^4 q^2 + \text{etc.}$$
$$+ q^2 + \frac{1}{2}g^0 p^2 q^3 + \frac{2}{5}g' p^3 q^3$$
$$+ \left(\frac{2}{5}h^0 - \frac{7}{45}f^0 f^0\right)p^2 q^4.$$

(*) Nous avons jugé superflu d'écrire ici le calcul, qui peut être un peu abrégé par quelques artifices.

Nous avons ensuite, au moyen de la formule $r \sin \psi = \frac{1}{2n} \cdot \frac{d \,.\, r^2}{dp}$,

$$[2] \left\{ \begin{aligned} r \sin \psi = p - \tfrac{1}{3} f^0 p q^2 - \tfrac{1}{4} f' p^2 q^2 - \left(\tfrac{1}{5} f'' + \tfrac{8}{45} f^0 f^0\right) p^3 q^2 + \ldots \\ - \tfrac{1}{2} g^0 p q^3 - \tfrac{2}{5} g' p^2 q^3 \\ - \left(\tfrac{3}{5} h^0 - \tfrac{8}{45} f^0 f^0\right) p q^4, \end{aligned} \right.$$

et, par la formule $r \cos \psi = \frac{1}{2} \cdot \frac{d \,.\, r^2}{dq}$,

$$[3] \left\{ \begin{aligned} r \cos \psi = q + \tfrac{2}{3} f^0 p^2 q + \tfrac{1}{2} f' p^3 q + \left(\tfrac{2}{5} f'' - \tfrac{4}{45} f^0 f^0\right) p^4 q + \ldots \\ + \tfrac{3}{4} g^0 p^2 q^2 + \tfrac{3}{5} g' p^3 q^2 \\ + \left(\tfrac{4}{5} h^0 - \tfrac{14}{45} f^0 f^0\right) p^2 q^3. \end{aligned} \right.$$

L'une et l'autre formule font connaître l'angle ψ. Ensuite, quant au calcul de l'angle φ, les séries pour $r \cos \varphi$, $r \sin \varphi$ se développent très-élégamment au moyen des équations aux différentielles partielles,

$$\frac{d \,.\, r \cos \varphi}{dp} = n \cos \varphi \,.\, \sin \psi - r \sin \varphi \,.\, \frac{d\varphi}{dp},$$

$$\frac{d \,.\, r \cos \varphi}{dq} = \cos \varphi \,.\, \cos \psi - r \sin \varphi \,.\, \frac{d\varphi}{dq},$$

$$\frac{d \,.\, r \sin \varphi}{dp} = n \sin \varphi \,.\, \sin \psi + r \cos \varphi \,.\, \frac{d\varphi}{dp},$$

$$\frac{d \,.\, r \sin \varphi}{dq} = \sin \varphi \,.\, \cos \psi + r \cos \varphi \,.\, \frac{d\varphi}{dq},$$

$$n \cos \psi \,.\, \frac{d\varphi}{dq} + \sin \psi \,.\, \frac{d\varphi}{dp} = 0,$$

dont la combinaison donne

$$\frac{r\sin\psi}{n}\cdot\frac{d.r\cos\varphi}{dp}+r\cos\psi.\frac{d.r\cos\varphi}{dq}=r\cos\varphi,$$

$$\frac{r\sin\psi}{n}\cdot\frac{d.r\sin\varphi}{dp}+r\cos\psi.\frac{d.r\sin\varphi}{dq}=r\sin\varphi.$$

On tire de là facilement, pour calculer $r\cos\varphi$, $r\sin\varphi$, des séries dont les premiers termes doivent être évidemment p et q, savoir :

$$[4]\left\{\begin{aligned} r\cos\varphi = p &+ \tfrac{2}{3}f^0pq^2+\tfrac{5}{12}f'p^2q^2+\left(\tfrac{3}{10}f''-\tfrac{8}{45}f^0f^0\right)p^3q^2+\ldots \\ &+\tfrac{1}{2}g^0pq^3+\tfrac{7}{20}g'p^2q^3 \\ &+\left(\tfrac{2}{5}h^0-\tfrac{7}{45}f^0f^0\right)pq^4, \end{aligned}\right.$$

$$[5]\left\{\begin{aligned} r\sin\varphi = q &- \tfrac{1}{3}f^0p^2q-\tfrac{1}{6}f'p^3q-\left(\tfrac{1}{10}f''-\tfrac{7}{90}f^0f^0\right)p^4q-\ldots \\ &-\tfrac{1}{4}g^0p^2q^2-\tfrac{2}{20}g'p^3q^2 \\ &-\left(\tfrac{1}{5}h^0+\tfrac{14}{90}f^0f^0\right)p^2q^3. \end{aligned}\right.$$

En combinant les équations [2], [3], [4], [5], on peut obtenir une série pour calculer $r^2\cos(\psi+\varphi)$; divisant cette série par la série [1] qui donne r^2, on aura $\cos(\psi+\varphi)$, et, par conséquent, aussi $\psi+\varphi$ développé en série. On peut cependant obtenir cette même série plus élégamment de la manière suivante. En différentiant la première et la seconde des équations qui sont rapportées au commencement de cet article, nous obtenons

$$\sin\psi.\frac{dn}{dq}+n\cos\psi.\frac{d\psi}{dq}+\sin\psi.\frac{d\psi}{dp}=0;$$

combinant cette équation avec celle-ci,

$$n\cos\psi.\frac{d\varphi}{dq}+\sin\psi.\frac{d\varphi}{dp}=0,$$

il vient

$$\frac{r\sin\psi}{n}\cdot\frac{dn}{dq}+\frac{r\sin\psi}{n}\cdot\frac{d(\psi+\varphi)}{dp}+r\cos\psi\cdot\frac{d(\psi+\varphi)}{dq}=0.$$

De cette équation, à l'aide de la méthode des coefficients indéterminés, nous tirerons facilement la série suivante pour $\psi+\varphi$, si nous faisons attention que son premier terme doit être $\frac{1}{2}\pi$, le rayon étant pris pour unité, et 2π désignant la circonférence du cercle,

$$[6]\left\{\begin{aligned}\psi+\varphi=\tfrac{1}{2}\pi-f^0pq-\tfrac{2}{3}f'p^2q-\left(\tfrac{1}{2}f''-\tfrac{1}{6}f^0f^0\right)p^3q-\ldots\\ -g^0pq^2-\tfrac{3}{4}g'p^2q^2\\ -\left(h^0-\tfrac{1}{3}f^0f^0\right)pq^3.\end{aligned}\right.$$

Il nous paraît utile de développer aussi en série l'aire du triangle ABD. Nous nous servirons, pour ce développement, de l'équation de condition suivante, qui dérive facilement de considérations géométriques assez naturelles, et dans laquelle S désigne l'aire cherchée,

$$\frac{r\sin\psi}{n}\cdot\frac{dS}{dp}+r\cos\psi\cdot\frac{dS}{dq}=\frac{r\sin\psi}{n}\int n\,dq,$$

l'intégration commençant à $q=0$. De là, en effet, nous obtenons, par la méthode des coefficients indéterminés,

$$[7]\left\{\begin{aligned}S=\tfrac{1}{2}pq-\tfrac{1}{12}f^0p^3q-\tfrac{1}{20}f'p^4q-\left(\tfrac{1}{30}f''-\tfrac{1}{60}f^0f^0\right)p^5q-\ldots\\ -\tfrac{1}{12}f^0pq^3-\tfrac{3}{40}g^0p^3q^2-\tfrac{1}{20}g'p^4q^2\\ -\tfrac{7}{120}f'p^2q^3-\left(\tfrac{1}{15}h^0+\tfrac{2}{45}f''+\tfrac{1}{60}f^0f^0\right)p^3q^3\\ -\tfrac{1}{10}g^0pq^4-\tfrac{3}{40}g'p^2q^4\\ -\left(\tfrac{1}{10}h^0-\tfrac{1}{30}f^0f^0\right)pq^5.\end{aligned}\right.$$

XXV.

Des formules de l'article précédent, qui se rapportent au triangle rectangle formé par des lignes de plus courte distance, passons à quelque chose de plus général. Soit sur la même ligne de plus courte distance BD, un autre point C pour lequel p ne change pas, et les lettres q', r', φ', ψ', S' désignent pour le point C les mêmes choses que q, r, φ, ψ, S pour le point B. On forme ainsi, entre les points A, B, C, un triangle dont nous désignons les angles par A, B, C, les côtés opposés par a, b, c, l'aire par σ; nous exprimerons la mesure de la courbure aux points A, B, C respectivement par α, β, γ. Supposant donc (ce qui est permis) que les quantités p, q, $q-q'$ sont positives, nous avons

$$A=\varphi-\varphi',\quad B=\psi,\quad C=\pi-\psi',$$
$$a=q-q',\quad b=r',\quad c=r,\quad \sigma=S-S'.$$

Avant tout, exprimons l'aire σ en série. En changeant dans la série [7] chacune des quantités relatives à B dans celles qui se rapportent à C, il vient cette série pour S', développée jusqu'aux quantités du sixième ordre,

$$\sigma=\frac{1}{2}p(q-q')\left\{\begin{array}{l}1-\frac{1}{6}f^0(p^2+q^2+qq'+q'^2)\\ -\frac{1}{60}f'p(6p^2+7q^2+7qq'+7q'q')\\ -\frac{1}{20}g^0(q+q')(3p^2+4q^2+4qq'+4q'^2)\end{array}\right\}.$$

Cette formule, à l'aide de la série [2], savoir,

$$c\sin B=p\left(1-\frac{1}{3}f^0q^2-\frac{1}{4}f'pq^2-\frac{1}{2}g^0q^3-\ldots\right),$$

se change dans la suivante :

$$\sigma = \frac{1}{2}ac\sin B\left\{\begin{array}{l} 1-\frac{1}{6}f^0(p^2-q^2+qq'+q'^2) \\ -\frac{1}{60}f'p(6p^2-8q^2+7qq'+7q'^2) \\ -\frac{1}{20}g^0(3p^2q+3p^2q'-6q^3+4q^2q'+4qq'^2+4q'^3) \end{array}\right\}.$$

La mesure de la courbure pour un point quelconque de la surface devient, par l'art. XIX (où m, p, q étaient ce que sont ici n, q, p),

$$-\frac{1}{n}\cdot\frac{d^2n}{dq^2} = -\frac{2f+6gq+12hq^2+\ldots}{1+fq^2+\ldots}$$
$$= -2f-6gq-(12h-2f^2)q^2\ldots$$

De là, quand p, q se rapportent au point B,

$$\beta = -2f^0-2f'p-6g^0q-2f''p^2-6g'pq$$
$$-(12h^0-2f^0f^0)q^2-\ldots,$$

et aussi

$$\gamma = -2f^0-2f'p-6g^0q'-2f''p^2-6g'pq'$$
$$-(12h^0-2f^0f^0)q'^2-\ldots,$$
$$\alpha = -2f^0.$$

En introduisant ces mesures de courbure dans la série pour σ, nous obtenons l'expression suivante, exacte jusqu'aux quantités du sixième ordre (exclusivement),

$$\sigma = \frac{1}{5}ac\sin B\left\{\begin{array}{l} 1+\frac{1}{120}\alpha(4p^2-2q^2+3qq'+3q'^2) \\ +\frac{1}{120}\beta(3p^2-6q^2+6qq'+6q'^2) \\ +\frac{1}{120}\gamma(3p^2-2q^2+qq'+4q'^2) \end{array}\right\}.$$

La précision restera la même, si pour p, q, q' nous substituons $c\sin B$, $c\cos B$, $c\cos B-a$; cela fait, il vient

$$[8] \quad \sigma = \frac{1}{2} ac \sin B \left\{ \begin{array}{l} 1 + \frac{1}{120} \alpha (3a^2 + 4c^2 - 9ac \cos B) \\ + \frac{1}{120} \beta (3a^2 + 3c^2 - 12ac \cos B) \\ + \frac{1}{120} \gamma (4a^2 + 3c^2 - 9ac \cos B) \end{array} \right\}.$$

Comme tout ce qui se rapporte à la ligne AD menée normalement à BC a disparu de cette équation, on pourra permuter aussi entre eux les points A, B, C avec leurs corrélatifs; c'est pourquoi on aura, avec la même précision,

$$[9] \quad \sigma = \frac{1}{2} bc \sin A \left\{ \begin{array}{l} 1 + \frac{1}{120} \alpha (3b^2 + 3c^2 - 12bc \cos A) \\ + \frac{1}{120} \beta (3b^2 + 4c^2 - 9bc \cos A) \\ + \frac{1}{120} \gamma (4b^2 + 3c^2 - 9bc \cos A) \end{array} \right\},$$

$$[10] \quad \sigma = \frac{1}{2} ab \sin C \left\{ \begin{array}{l} 1 + \frac{1}{120} \alpha (3a^2 + 4b^2 - 9ac \cos C) \\ + \frac{1}{120} \beta (4a^2 + 3b^2 - 9ab \cos C) \\ + \frac{1}{120} \gamma (3a^2 + 3b^2 - 12ab \cos C) \end{array} \right\}.$$

XXVI.

La considération du triangle plan rectiligne, dont les côtés sont égaux à a, b, c, est d'une grande utilité; les angles de ce triangle, que nous désignerons par A^*, B^*, C^*, diffèrent des angles du triangle sur la surface courbe, savoir, de A, B, C de quantités du second ordre, et il sera essentiel de développer avec soin ces différences. Mais il suffira d'avoir posé les premières bases de ces calculs plus prolixes que difficiles.

En changeant dans les formules [1], [4], [5] les quantités qui se rapportent à B en celles qui se rapportent à C, nous trouverons des formules pour r'^2, $r'\cos\varphi'$, $r'\sin\varphi'$. Alors le développement de l'expression

$$r^2 + r'^2 - (q-q')^2 - 2\,r\cos\varphi\,.\,r'\cos\varphi' - 2\,r\sin\varphi\,.\,r'\sin\varphi',$$

qui devient

$$= b^2 + c^2 - a^2 - 2\,bc\cos A = 2\,bc\,(\cos A^* - \cos A),$$

combinée avec le développement de l'expression

$$r\sin\varphi\,.\,r'\cos\varphi' - r\cos\varphi\,.\,r'\sin\varphi',$$

qui devient $= bc\sin A$, donne la formule suivante :

$$\begin{array}{l}\cos A^* - \cos A \\ = -(q-q')\,p\sin A\end{array}\left\{\begin{array}{l}\left(\frac{1}{3}f^0 + \frac{1}{6}f'\right)p + \frac{1}{4}g^0(q+q') \\ + \left(\frac{1}{10}f'' - \frac{1}{45}f^0f^0\right)p^2 + \frac{1}{30}g'p(q+q') \\ + \left(\frac{1}{5}h^0 - \frac{1}{90}f^0f^0\right)(q^2+qq'+q'^2) + \ldots\end{array}\right\}.$$

De là vient aussi, jusqu'aux quantités du cinquième ordre,

$$A^* - A = -(q-q')\,p\left\{\begin{array}{l}\frac{1}{3}f^0 + \frac{1}{6}f'p + \frac{1}{4}g^0(q+q') + \frac{1}{10}f''p^2 \\ + \frac{3}{20}g'p(q+q') + \frac{1}{5}h^0(q^2+qq'+q'^2) \\ - \frac{1}{90}f^0f^0(7p^2 + 7q^2 + 12qq' + 7q'^2)\end{array}\right\}.$$

En combinant cette formule avec celle-ci,

$$2\sigma = ap\left[1 - \frac{1}{6}f^0(p^2 + q^2 + qq' + q'^2 - \ldots)\right],$$

et avec les valeurs des quantités α, β, γ rapportées dans l'article précédent, nous obtenons jusqu'aux quantités du cinquième ordre,

$$[11]\ A^* = A - \sigma\left\{\begin{array}{l}\frac{1}{6}\alpha + \frac{1}{12}\beta + \frac{1}{12}\gamma + \frac{2}{15}f''p^2 + \frac{1}{5}g'p(q+q') \\ \quad + \frac{1}{5}h^0(3q^2 - 2qq' + 3q'^2) \\ \quad + \frac{1}{90}f^0f^0(4p^2 - 11q^2 + 14qq' - 11q'^2)\end{array}\right\}.$$

Par des opérations tout à fait semblables, nous trouvons

$$[12]\ B^* = B - \sigma\left\{\begin{array}{l}\frac{1}{12}\alpha + \frac{1}{6}\beta + \frac{1}{12}\gamma + \frac{1}{10}f''p^2 + \frac{1}{10}g'p(2q+q') \\ \quad + \frac{1}{5}h^0(4q^2 - 4qq' + 3q'^2) \\ \quad - \frac{1}{90}f^0f^0(2p^2 + 8q^2 - 8qq' + 11q'^2)\end{array}\right\},$$

$$[13]\ C^* = C - \sigma\left\{\begin{array}{l}\frac{1}{12}\alpha + \frac{1}{12}\beta + \frac{1}{6}\gamma + \frac{1}{10}f''p^2 + \frac{1}{10}g'p(q+2q') \\ \quad + \frac{1}{5}h^0(3q^2 - 4qq' + 4q'^2) \\ \quad - \frac{1}{90}f^0f^0(2p^2 + 11q^2 - 8qq' + 8q'^2)\end{array}\right\}.$$

De là nous déduisons en même temps, puisque la somme $A^* + B^* + C^*$ est égale à deux droits, l'excès de la somme $A + B + C$ sur deux angles droits, savoir :

$$[14]\ A+B+C = \pi + \sigma\left\{\begin{array}{l}\frac{1}{3}\alpha + \frac{1}{3}\beta + \frac{1}{3}\gamma + \frac{1}{3}f''p^2 + \frac{1}{2}g'p(q+q') \\ \quad + \left(2h^0 - \frac{1}{3}f^0f^0\right)(q^2 - qq' + q'^2)\end{array}\right\}.$$

Cette dernière formule pourrait aussi se déduire de la formule [6].

XXVII.

Si la surface courbe est une sphère dont le rayon égale 1, on aura

$$\alpha = \beta = \gamma = -2f^0 = \frac{1}{R^2}, \quad f'' = 0, \quad g' = 0, \quad 6h^0 - f^0 f^0 = 0,$$

ou

$$h^0 = \frac{1}{24R^4}.$$

Par là, la formule [14] devient

$$A + B + C = \pi + \frac{\sigma}{R^2},$$

et jouit d'une précision absolue; mais les formules [11], [12], [13] donnent

$$A^* = A - \frac{\sigma}{3R^2} - \frac{\sigma}{180R^4}(2p^2 - q^2 + 4qq' - q'^2),$$

$$B^* = B - \frac{\sigma}{3R^2} + \frac{\sigma}{180R^4}(p^2 - 2q^2 + 2qq' + q'^2),$$

$$C^* = C - \frac{\sigma}{3R^2} + \frac{\sigma}{180R^4}(p^2 + q^2 + 2qq' - 2q'^2),$$

ou, avec la même exactitude,

$$A^* = A - \frac{\sigma}{3R^2} - \frac{\sigma}{180R^4}(b^2 + c^2 - 2a^2),$$

$$B^* = B - \frac{\sigma}{3R^2} - \frac{\sigma}{180R^4}(a^2 + c^2 - 2b^2),$$

$$C^* = C - \frac{\sigma}{3R^2} - \frac{\sigma}{180R^4}(a^2 + b^2 - 2c^2).$$

En négligeant les quantités du quatrième ordre, on tire de là le théorème connu proposé, pour la première fois, par l'illustre Legendre.

XXVIII.

Nos formules générales, en rejetant les termes du

quatrième ordre, deviennent très-simples, savoir :

$$A^* = A - \frac{1}{12}\sigma(2\alpha + \beta + \gamma),$$

$$B^* = B - \frac{1}{12}\sigma(\alpha + 2\beta + \gamma),$$

$$C^* = C - \frac{1}{12}\sigma(\alpha + \beta + 2\gamma).$$

Ainsi, il faut appliquer à A, B, C des réductions inégales, quand ils ne sont pas sur une surface sphérique, pour que les sinus des angles dans lesquels ils ont été changés soient proportionnels aux côtés opposés. L'inégalité, généralement parlant, sera du troisième ordre; mais, si la surface diffère peu de la sphère, cette inégalité se rapportera à un ordre supérieur. Dans les triangles même les plus grands sur la surface de la terre, dont on peut mesurer les angles, la différence peut toujours être regardée comme insensible. Ainsi, par exemple, dans le triangle le plus grand parmi ceux que nous avons mesurés l'année précédente, savoir, entre les points Hohehagen, Brocken, Inselsberg, où l'excès de la somme des angles fut égale à 14″,85348, le calcul donna les réductions suivantes à appliquer aux angles :

Hohehagen.......... 4″,95113,
Brocken............ 4″,95104,
Inselsberg.......... 4″,95131.

XXIX.

Pour finir, nous ajouterons encore la comparaison de l'aire du triangle sur la surface courbe avec l'aire du triangle rectiligne, dont les côtés sont a, b, c. Nous désignerons par σ^* cette dernière aire, qui est égale à

$$\frac{1}{2} bc \sin A^* = \frac{1}{2} ac \sin B^* = \frac{1}{2} ab \sin C^*.$$

Nous avons, jusqu'aux quantités du quatrième ordre,

$$\sin A^* = \sin A - \frac{1}{12}\sigma \cos A . (2\alpha + \beta + \gamma),$$

ou, avec la même exactitude,

$$\sin A = \sin A^* \left[1 + \frac{1}{24} bc \cos A . (2\alpha + \beta + \gamma)\right].$$

Substituant cette valeur dans la formule [9], on aura jusqu'aux quantités du sixième ordre,

$$\sigma = \frac{1}{2} bc \sin A^* \left\{ \begin{array}{l} 1 + \frac{1}{120}\alpha(3b^2 + 3c^2 - 2bc\cos A) \\ + \frac{1}{120}\beta(3b^2 + 4c^2 - 4bc\cos A) \\ + \frac{1}{120}\gamma(4b^2 + 3c^2 - 4bc\cos A) \end{array} \right\},$$

ou, avec la même exactitude,

$$\sigma = \sigma^* \left\{ \begin{array}{l} 1 + \frac{1}{120}\alpha(a^2 + 2b^2 + 2c^2) + \frac{1}{120}\beta(2a^2 + b^2 + 2c^2) \\ + \frac{1}{120}\gamma(2a^2 + 2b^2 + c^2) \end{array} \right\}.$$

Pour la surface sphérique, cette formule prend la forme suivante :

$$\sigma = \sigma^* \left[1 + \frac{1}{24}\alpha(a^2 + b^2 + c^2)\right],$$

à la place de laquelle on peut prendre aussi la suivante, en conservant la même précision, comme il est facile de vérifier,

$$\sigma = \sigma^* \sqrt{\frac{\sin A . \sin B . \sin C}{\sin A^* . \sin B^* . \sin C^*}}.$$

Si l'on applique la même formule aux triangles sur une surface courbe non sphérique, l'erreur sera, généralement parlant, du cinquième ordre, mais insensible dans tous les triangles qu'on peut mesurer sur la surface de la terre.

Note. Des fautes typographiques et quelques erreurs de calcul se sont glissées dans le Mémoire original. Nous les avons corrigées et nous nous sommes servi des corrections que M. Bos, élève de l'École Normale, aujourd'hui professeur au lycée de Strasbourg, a eu la bonté de nous communiquer. Le Mémoire fait partie du tome VI des *Nouveaux Mémoires de la Société royale des Sciences de Göttingue;* on le trouve à la page 99 de ce tome qui a paru en 1828. Il est réimprimé dans l'*Application de l'Analyse* de Monge, édition de 1850. On a traduit sur cette réimpression.

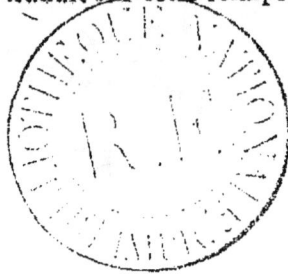

PARIS. — IMPRIMERIE DE BACHELIER,
rue du Jardinet, 12.

Paris. — Imprimerie de BACHELIER, rue du Jardinet, 12.

www.ingramcontent.com/pod-product-compliance
Lightning Source LLC
Chambersburg PA
CBHW050529210326
41520CB00012B/2497
* 9 7 8 2 0 1 2 6 2 1 7 3 2 *